KB005643

노벨상 나와라 뚝딱

정태성 著

도서출판 코스모스

머리말

19세기 말 알프레드 노벨은 물리, 화학, 그리고 생리의학 분야의 발전에 커다란 공헌을 한 사람들에게 자신의 이름을 딴 상을 수여하라는 유언을 남겼다. 수상자의 국적을 가리지 말라는 유지에 따라 노벨상은 세계 최고의 국제적 성격을 가진 상이 되었다. 1901년 첫 수상자를 낸 후, 20세기를 걸쳐 현재까지 각 분야의 발전을 이끌어 온 위대한 과학자들이 거의 모두 노벨상을 수상하였다. 노벨상은 수상자는 물론이고 수상자를 배출한 가족, 학교, 국가에까지 커다란 영광으로 인식되고 있어 과학 분야의 세계 최고 권위 있는 상으로 자리매김하였다.

역사를 통해 과학기술은 국민에게 희망을 주고 삶의 질을 향상시키며 나라를 부강하게 하는 힘이 되어 왔다. 새로운 아이디어와 발견의 작은 물방울이 만나 기술이라는 큰 물방울이 되면서 우리의 삶을 풍요롭게 만든다. 우리 주위에는 백신, 의약품, 항공기, 반도체와 같이 과학이 이루어 낸 첨단 제품들이 헤아릴 수 없을 만큼 많다. 이러한 발명의 뒤에는 과학자들의 창의력과 열정, 인내가 숨어 있다. 노벨 과학상이 인류 발전에 커다란 공헌을 한 사람에게 수여되고, 지구 상에서 가장 권위 있는 상으로 자리 잡은 것은 이 같은 이유에서이다.

이 책은 학생들에게 지난 노벨과학상의 역사에서 가장 중요한 것들을 골라 어떻게 과학자들이 연구하여 노벨상을 받게 되었는지를 설명하기 위하여 엮었다. 학생들이 이 책을 접함으로써 과학자들의 연구 과정과 그 과정 속에서 어떻게 힘든 장애물들을 극복하였는지 이해하고 자신들의 삶을 개척해 나가는 데 있어 용기와 희망이 되기를 바란다.

이 책을 만드는 데 있어 노벨상 재단의 홈페이지에 있는 자료를 참고하였음을 밝힌다. (https://www.nobelprize.org)

2021. 8. 15
저자 씀

차례

〈화학〉

〈생리의학〉

1

자연방사현상에 대한 연구
(1903년 물리학)

▌앙리 베크렐(1852~1908)
▌피에르 퀴리 (1859~1906)
▌마리 퀴리 (1867~1934)

기체를 제거한 시험관에서 전기 방전을 일으키면 시험관 내에서는 방사 현상이 일어나는데 이를 음극선이라고 한다. 이 음극선을 조사하면 뢴트겐이 발견한 뢴트겐선이 발생한다. 또한 음극선이 조사된 물질에서는 형광 또는 인광이라고 부르는 발광 현상이 나타나기도 한다. 베크렐 교수의 실험은 바로 이런 환경에서 이루어졌다.

그가 품은 의문은 오랫동안 빛을 받아서 인광을 내는 물질은 스스로 뢴트겐선도 방출하지 않을까 하는 것이었다.

베크렐 교수는 감광판을 감광시키는 뢴트겐선의 잘 알려진 특징을 이용해서 이 문제에 접근했다. 그는 감광판 위에 알루미늄 호일을 덮고, 그 위에 유리판을 놓은 뒤 인광 물질을 올려놓았다. 알루미늄 호일을 뚫고 인광 물질이 감광판을 감광시킨다면, 이것은 뢴트겐선과 같은 어떤 선이 방출된다는 것을 의미한다. 이 연구에서 베크렐은 어떤 물질, 특히 우라늄 염을 올려놓았을 때 감광판에 그 물질의 형상이 나타나는 것을 발견하였다. 이 결과는 우라늄 옆에서 보통의 빛이 아닌 특별한 성질을 가진 빛이 방출된다는 것을 보여주는 것이었다. 더 나아가 그는 이 방사가 인광 현상과 직접 관련이 없다는 것을 밝혀낼 수 있었다. 인광 물질이 아닌 물질에서도 이러한 방사가 일어났으며, 인광을 일으키기 위해 빛을 조사하는 과정이 필요하지 않았고, 어떤 경우에나 에너지원이 없어도 일정한 강도의 방사가 지속되었다.

이 발견은 물질의 새로운 특성과 새로운 에너지원을 세상에 보여주었다. 이러한 발견은 말할 나위 없이 과학계의 커다란 관심을 불러일으켰고, 베크렐선의 특징과 그 기원을 규명하기 위한 새로운 분야를 탄생시켰다.

퀴리 부부는 즉각 이 주제에 대한 체계적이고 포괄적인 연구를 수행하였다. 그들은 수많은 홑원소 물질과 광물들을 시험하여 우라늄에서 나타나는 것과 같은 놀라운 성질을 가진 물질이 있는지를 조사하였다.

첫 번째 물질은 독일의 슈미트와 퀴리 부인이 거의 동시에 발견한 토륨으로 우라늄과 같은 정도의 방사능을 띠고 있었다.

베크렐선은 보통의 조건에서 전도체가 아닌 물질을 전기 전도체로 만드는 특징이 있는데, 과학자들은 이러한 베크렐선의 특징을 이용하여 방사능 물질을 연구해 왔다. 베크렐선을 충전된 검전기에 조사하면, 이 선에 의해 검전기 주위의 공기가 전도체로 변하기 때문에 상당히 빠른 방전이 일어난다. 따라서 새로운 물질을 탐색하는 데 분광기가 사용되듯 방사능 물질 탐색에는 검전기가 사용된다. 퀴리 부부는 검전기를 이용하여 피치블렌드의 방사능이 우라늄보다도 크다는 것을 발견했으며, 피치블렌드 속에 하나 이상의 새로운 방사능 물질이 들어 있으리라는 결론을 내렸다.

피치블렌드를 처리해서 합성물질을 얻은 뒤 검전기를 통해서 그들이 얻은 물질의 방사능을 조사하고, 용해와 석출을 반복하는 과정에서 그들은 마침내 엄청난 강도의 방사능을 가진 물질을 추출하는 데 성공하였다. 원료 물질 1,000kg을 처리해서 겨우 0.1g의 방사능 물질을 얻을 수 있다는 사실로부터 이 결과를 얻기 위해 얼마나 많은 노력이 필요했는지 가늠할 수 있을 것이다.

이렇게 퀴리부부는 폴로늄을 발견하였으며, 베몽과 함께 라듐을, 데비에른과 힘께 익티늄을 발견하였다. 이들 중 적어도 라듐은 홑원소 물질이었다.

베크렐은 우라늄을 이용한 연구에서 방사선의 몇 가지 중요한 특성들을 규명하였지만, 베크렐선에 관한 좀 더 포괄적인 연구는 위에서 언급한 고방사능 물질을 통해서만 가능했으며, 이것으로부터 일부 결과들이 수정되기도 하였다.

베크렐선은 여러 면에서 빛을 닮았다. 직선으로 전파되며, 특정 파장의 빛이 그런 것처럼 광화학 반응이나 인광 현상을 일으킨다. 그럼에도 불구하고 베크렐선은 핵심적인 면에서는 빛과 많이 다르다. 예를 들어 금속이나 불투명한 물질을 통과한다거나, 전하를 띤 물질에 방전을 일으키고 빛의 고유한 특징인 반사나 간섭 그리고 굴절 현상이 없다는 점이다.

베크렐선은 균일한 선이 아니라 여러 다른 종류의 선이 섞여 있다는 것도 밝혀졌다. 그중 일부는 뢴트겐선처럼 자기장이나 전기장 내에서 휘지 않지만, 다른 선은 음극선이나 골드스타인선처럼 휜다. 뢴트겐선처럼 베크렐선도 피부나 눈에 손상을 입히는 강력한 생리한 반응이 있다.

또한 어떤 방사능 물질들은 방사선과 직접 관련되지 않은 특별한 성질이 있다. 주변에 방사능의 특성을 전달하는 방사능 물질을 내놓음으로써 주위의 모든 물질이 순간적으로 방사능을 띠도록 만드는 것이다.

베크렐과 퀴리부부는 이렇게 새로운 분야인 방사선 물리학이라는 새로운 영역의 문을 열었다.

2

저온물리학과 액체 헬륨의 제조

(1913년 물리학)

▌카메를링 오네스(1853~1926)

1913년 노벨 물리학상은 네덜란드 라이덴 대학의 카메를링 온네스에게 주어졌다. 그는 냉각기법을 연구하여 액체 헬륨을 제조했고, 저온에서의 물질 특성에 대한 연구에서 큰 업적을 이루어냈다.

19세기 다양한 압력과 온도에서 일어나는 기체의 거동에 대한 연구는 물리학을 크게 발전시켰다. 이후 기체의 압력, 부피, 온도 사이의 연관 관계는 물리학의 핵심 분야 중 하나인 열역학에서 매우 중요한 역할을 해 왔다.

1873년과 1880년 반 데르 발스는 기체의 운동을 설명하는 유명한 법칙을 발표하였다. 반 데르 발스의 기체 법칙은 열역학의 발전에 아주 중요한 기여를 했다. 기체의 특정 성질은 분자와 분자 사이에 작용하는 힘으로 설명될 수 있다는 가정하에 만들어진 반 데르 발스의 열역학 법칙은 사실을 비논리적인 기초에서 만들어진 것이었다. 실제 기체는 압력과 온도에 따라 변화되는 성질이 반 데르 발스가 가정한 것과 상당히 큰 차이를 보인다.

따라서 반 데르 발스의 법칙에서 벗어나는 현상을 체계적으로 연구하고 온도와 분자구조의 변화에 따라 기체가 어떤 거동을 보이는지를 연구하는 것은 분자의 성질과 그것에 관련된 현상을 이해하는 데 많은 도움을 준다.

1880년대 초반 오네스 교수는 자신의 실험실을 만들면서 기체와 관련된 연구를 시작했다. 그는 실험에 필요한 장치를 직접 설계하고 개선하여 놀랄 만한 성공을 거두었다. 오네스 교수는 단원자와 다원자 기체 그리고 기체 혼합물의 열역학적 성질을 연구해 현대 열역학의 발전에 크게 기여하였다. 또한, 설명하기 매우 힘들었던, 기체들이 저온에서 독특하게 행동하는 현상에 대해 명료하게 설명하였다. 그는 물질의 구조와 그것에 관련된 현상에 대한 우리의 지식을 넓히는데 크게 기여하였다.

특히 오네스 교수의 연구는 인류가 추구해온 가장 낮은 온도를 달성했다는 데 더 중요한 의미가 있다. 오네스 교수가 도달한 온도는 열역학에서 언급하는 가장 낮은 온도인 절대온도 0에 매우 가까이 다가갔다.

일반적으로 저온에 도달하기 위해서는 이른바 비활성기체를 응축시켜야만 가능하다. 패러데이는 1820년대 중반, 선구적으로 이 연구를 수행하였는데 이는 열역학에서 가장 중요한 과제 중의 하나였다.

올체프스키, 린데 그리고 햄프슨이 다양한 방법으로 액체산소와 공기를 제조하였고 듀어는 실험적인 많은 어려움을 극복하고 수소 응축에 성공하였다. 이 같은 연구를 통해 섭씨 영하 259도, 즉 절대온도에서 단지 14도 높은 저온 상태까지 도달할 수 있었다.

이와 같은 저온 상태에서는 모든 알려진 기체들이 쉽게 응축되는데 1895년 대기에서 발견된 헬륨만은 예외였다. 따라서 헬륨을 응축시킬 수 있다면 더 낮은 온도에 도달할 수 있었다. 올체프스키와 듀어, 트레버스와 자크로드는 액체 헬륨을 얻기 위해 많은 응축 방법을 사용했지만 결국 실패하고 말았다. 일련의 실패 이후 사람들은 헬륨 액화는 불가능하다고 생각했다.

1908년 오네스 교수는 이 문제를 마침내 해결하였다. 즉 오네스 교수가 처음으로 액체 헬륨을 제조한 것이다. 오네스 교수는 저온에서의 기체와 액체의 성질을 연구하면서 최종적으로 헬륨의 이른바 등온선을 얻었으며, 이 등온선을 얻으면서 획득된 지식이 헬륨의 액화를 위한 첫 단계가 되었다. 이후 오네스 교수는 액체 헬륨을 채운 차가운 수조를 만들어 절대온도 1.15도에서 4.3도 사이에 놓인 물질의 성질을 연구하였다.

물리학에서 이러한 저온에 도달하는 것은 매우 중요하다. 왜냐하면 이 온도에서는 물질의 성질과 물리 현상이 상온이나 고온과는 일반적으로 상당히 다를 것이기 때문이다. 그리고 온도에 따른 변화를 이해하는 것은 현대 물리학의 많은 의문을 해결할 수 있는 중요한 과정이다.

기체의 열역학에서 빌려온 많은 원리들이 이른바 전자이론에서 사용되었다. 그리고 많은 전자이론은 물질의 전기적, 자기적, 광학적, 그리고 열적 현상을 설명하는 길잡이이다.

하지만 온도가 매우 낮아진다면 상황은 달라진다. 오네스 교수가 바로 액체 헬륨 온도에서의 전기 전도에 저항 연구를 하여 위대한 업적을 이루어 냈다.

3

에너지 양자의 발견

(1918년 물리학)

▮ 막스 플랑크(1858~1947)

흑체복사의 강도는 흑체의 온도와 복사의 파장에만 의존하며 이 관계를 연구하는 것이 가치 있다는 키르히호프의 발표 이후, 복사의 문제를 다룬 이론적 연구는 매우 풍성한 연구 결과를 가져왔다. 도플러 효과와 맥스웰이 구축한 빛의 전자기 이론, 스테판 법칙의 볼츠만 해석, 복사에 대한 빈의 법칙에서 볼 수 있듯이 이 과정에서 빛의 특성에 관한 개념에 많은 변화가 일어났다. 그러나 이 법칙들은 실제 현상과 정확히 일치하지 않고 오히려 레일리 경이 제안한 복사법칙처럼 일반적인 복사법칙의 특별한 경우에 해당하는 것이었다.

플랑크 교수는 일반적인 복사법칙을 찾기 위한 연구를 시작해 1900년 이 법칙을 찾아냈고, 나중에 이를 이론적으로 유도하였다.

그 식에는 두 개의 상수가 포함되어 있다. 첫 번째는 1몰의 물질 내에 들어 있는 분자의 개수이다. 플랑크 교수는 이 관계식을 이용하여 처음으로 아보가드로 상수의 정확한 값을 얻은 사람 가운데 한 명이다. 두 번째 상수는 이른바 플랑크 상수로서 매우 중요한 의미를 가진 상수로 판명되었는데 어쩌면 첫 번째 상수보다 더 중요하다고 할 수 있다.

플랑크 상수와 복사 진동수의 곱인 hv는 진동수 v를 갖는 복사의 최소 에너지이다. 이런 이론적 결론은 복사현상에 대한 기존의 개념과 반대되는 것이다. 따라서 플랑크 교수의 복사이론이 받아들여지기 위해서는 매우 확고한 실험적 증가가 필요했지만, 결국 이 이론은 전대미문의 성공을 거두었다.

아인슈타인이 제안한 광전효과에 관한 설명은 기존의 개념에 반하는 플랑크 교수의 복사이론을 강력하게 뒷받침하는 것이었다.

분광해석 분야에서 플랑크 이론은 보어의 기초 연구나, 조머펠트, 엡스타인의 결과, 그리고 다른 사람들의 연구는 이 분야의 수수께끼 같은 법칙을 설명해 냈다. 또한, 반응속도나 반응열에 미치는 온도의 영향 같은 기본적인 물리화학적 현상 역시 플랑크 이론의 이론을 연구하면서 새로운 빛을 보게 되었다.

플랑크 교수의 복사이론은 현대 물리학 연구의 가장 중요한 길잡이가 되었다.

4

광전효과

(1921년 물리학)

▌알버트 아인슈타인(1879~1955)

아인슈타인이 노벨상을 수상하게 되는 연구는 1900년 플랑크가 정립한 양자이론 분야이다. 양자이론에서는 물질이 입자들, 다시 말해서 원자들로 이루어진 것처럼 빛도 양자라는 개개의 입자들로 되어 있다고 주장한다. 플랑크가 1918년 노벨 물리학상을 받은 이 주목할 만한 이론은 초기에는 이론이 가진 여러 결함을 해결하지 못하고 1905년경 일종의 막다른 골목에 몰려 있었다.

그 당시 아인슈타인은 비열과 광전효과에 대한 연구에 매진하고 있었다. 광전효과는 1887년 유명한 물리학자인 헤르츠에 의해 발견되었다.

헤르츠는 두 개의 구 사이를 통과하는 전기스파크에 다른 전기적

방전에서 나온 빛이 비춰지면 더 쉽게 통과한다는 사실을 발견하였다. 이 흥미로운 현상에 대해 할박스가 더욱 철저한 연구를 하였는데 그에 따르면 금속판 같은 음극으로 충전된 물체에 특정한 조건에서 특정한 색의 빛이 비춰지면 금속판은 음극을 상실하고 최종적으로는 양극을 띤다고 발표하였다. 1899년 레나르트는 음극으로 충전된 물체로부터 일정한 속도를 가진 전자가 방출되는 원인을 규명하였다. 이 효과의 가장 기이한 점은 전자가 방출되는 속도는 비추는 빛의 강도에 의존하지 않고 빛의 주파수에 따라 증가한다는 것이다. 레나르트는 이 현상을 그 당시에 대세를 이루던 빛의 파동성에 대한 개념과 일치하지 않는다고 강조하였다.

이와 관련된 현상이 광발광, 즉 인광과 형광이다. 빛이 어떤 물질에 부딪치면 빛을 받은 물질은 인광이나 형광의 형태로 빛을 방출한다. 방출된 광양자의 에너지는 주파수와 비례하여 증가하기 때문에 어떤 주파수를 가진 광양자는 더 낮은 혹은 기껏해야 동일한 주파수를 가진 광양자만 형성할 것이라는 것은 분명하다. 그렇지 않으면 에너지보존법칙에 위배된다. 그러므로 인광 혹은 형광은 광발광을 유도한 빛보다 더 낮은 주파수를 갖는다. 이것이 아인슈타인이 양자이론을 이용하여 설명한 스토크스의 법칙이다.

이와 유사하게 광양자가 금속판에 입사될 때 광양자는 기껏해야 자신이 가진 에너지의 전부만을 금속판의 전자에게 전달할 수 있다. 이 에너지의 일부는 그 전자를 공기 중으로 보내는 데 소비되고 그

나머지는 운동에너지로 전자와 함께 남게 된다. 이 현상은 금속의 표면에 있는 전자에 적용된다. 이 현상으로부터 금속에 빛이 복사될 때 대전될 수 있는 양의 퍼텐셜을 계산할 수 있다. 광양자가 금속으로부터 전자를 떼어내기에 충분한 에너지를 가지고 있기만 하면 전자는 공기 중으로 방출될 것이다. 결과적으로 복사되는 빛의 강도가 아무리 크더라도 일정한 한계 이상의 주파수를 가진 빛만이 광발광 효과를 유도할 수 있다. 이 한계를 넘어서는 빛을 쪼일 경우 빛의 주파수가 일정하다면 광발광효과는 빛의 세기에 비례한다.

기체분자의 이온화 현상에서도 유사한 현상이 일어나며 따라서 기체를 이온화시킬 수 있는 빛의 주파수가 얼마인지 알 수 있다면 이른바 이온화 퍼텐셜도 계산할 수 있다.

아인슈타인의 광전효과는 미국의 밀리칸과 그 제자들이 철저하게 시험하였고 광전효과 이론이 맞다는 것을 증명하였다. 아인슈타인의 광전효과에 대한 연구로 양자이론의 수준이 높아졌고 양자이론에서 광범위한 논문들이 등장했으며 이에 따라 광전효과 이론이 특별한 가치를 가진다는 것이 입증되었다.

5

원자구조와 원자스펙트럼에 대한 연구

(1922년 물리학)

▌닐스 보어(1885~1962)

1860년대 키르히호프와 분젠이 분광분석법을 개발한 이후 이 분석은 아주 중요한 결과들을 만들었으며, 매우 중요한 연구 방법이 되었다. 지상의 물질뿐 아니라 천상의 물질들도 분광 스펙트럼의 연구 대상이었다. 이 연구가 대단한 성과를 거두자 원자 스펙트럼으로부터 규칙성을 찾아내려는 연구가 시작되었다.

우선 작열하는 여러 가스로부터 방출되는 스펙트럼선들이 비교되었다. 이 선들은 물질 내의 진동체로 만들어진 것이며, 이 경우 기체 내의 진동체는 그 원자나 분자들일 것이다. 그러나 이러한 탐색에서는 더 이상의 발전이 이루어지지 못했다. 이제는 다른 방법으로 가스로부터 나오는 여러 진동들 사이의 관계를 찾기 위해 계산이 시도되었다. 가장 간단한 수소부터 시작되었다.

1885년 스위스의 발머는 수소 스펙트럼선 사이의 관계를 찾아냈다. 이후 스웨덴의 리드베리는 발머의 식과 유사한 식을 이용해서 이들 간의 관계를 찾아냈다. 이 식들은 리드베리 상수라고 부르는 값을 가지는데 이것은 물리학에서 중요한 기본상수라는 것이 나중에 밝혀졌다.

원자구조에 대한 아이디어만 나온다면 수소 원자에서 관찰되는 스펙트럼의 기원을 이해하는 시발점이 되는 것이었다. 상당한 수준까지 원자의 비밀을 파헤쳐온 러더퍼드가 이런 원자 모델을 만들었다. 그의 모델에 따르면 수소 원자는 매우 작은 크기의 단위 양전하를 갖는 핵과 이 주위의 궤도를 도는 음전하의 전자로 되어 있다.

핵과 전자 사이에는 전기력이 중요하기 때문에 전자의 궤도는 타원이거나 원이어야 하며, 핵은 타원의 한 중심 혹은 원의 중심에 위치한다. 핵은 태양에 해당되고 전자는 행성에 해당되는 셈이다.

맥스웰의 고전 전자기이론에 의하면 이 궤도상의 움직임은 빛을 방출해야 하고 따라서 에너지 손실이 생겨서 전자는 더 작은 궤도를 더 빠른 주기로 움직이다가 핵으로 끌려들어 가게 된다. 따라서 전자는 나선 모양으로 회전하며 빛을 방출하는데, 그 주기가 점차 짧아지기 때문에 연속적인 스펙트럼을 만들어 내야 한다. 고체나 액체에서는 이러한 특성을 가진 스펙트럼이 얻어지지만 기체에서는 결코 이런 스펙트럼을 얻을 수 없다.

이 결과는 원자 모델이 틀렸거나 아니면 맥스웰의 전자기이론이 틀렸음을 의미한다. 당시에는 이 두 가지 중 하나를 선택해야 했는데, 과학자들은 전혀 주저 없이 원자 모델이 적용될 수 없다는 선택을 하였다.

그러나 보어는 이 문제를 연구하기 시작한 1913년이었고, 그 이전 베를린 대학교의 플랑크는 복사의 법칙이 기존의 생각과는 달리 열에너지가 양자의 형태로 방출된다는 가정을 해야만 설명이 가능하다는 것을 보여 주었다. 양자는 물질이 작은 조각, 즉 원자로 되어 있듯이 열에너지를 구성하는 단위 조각이라고 할 수 있다. 이런 가정을 바탕으로 플랑크는 흑체복사의 에너지 분포를 계산하는 데 성공하였다.

이후 보어는 과감하게 맥스웰의 이론이 이 경우에는 적용되지 않으며, 러더포드의 원자 모델이 맞다는 가정을 하였다. 그는 전자들이 양전하의 핵 주위를 돌면서 연속적으로 빛을 방출하는 것이 아니라, 전자가 한 궤도에서 다른 궤도로 옮길 때 빛을 방출한다고 생각하였다.

이때 방출되는 에너지는 양자 하나의 양을 가진다. 플랑크의 이론에 따르면 에너지의 양자는 빛의 진동수에 'h'로 표기하는 플랑크 상수를 곱한 것이므로, 한 궤도에서 다른 궤도로의 전이에 따른 복사광의 진동수를 계산할 수 있다. 발머가 수소에서 발견한 규칙성을 설명하기 위해서는 궤도의 반지름이 정수의 제곱, 즉 1, 4, 9, 16 등에 비례해야만 한다. 실제로 보어는 그의 첫 번째 논문에서 수소의 원자량, 플랑크상수, 단위전하량 등 알려진 값들로부터 리드베리 상수 값을 계산해 냈는데 측정값과의 오차가 1%에 불과했다.

보어의 결과는 과학계의 선망 어린 주목을 받았으며 앞에 놓인 문제의 대부분을 해결하리라는 기대를 갖게 했다. 좀머펠트는 수소 스펙트럼들이 인접한 여러 개의 선들로 나누어져 있는 이른바 스펙트럼 미세구조가 보어의 이론으로 설명된다는 것을 보여 주었다. 수소의 여러 전자 궤도는 기저 상태 궤도인 최내각의 궤도를 제외하면 원뿐만 아니라 타원으로 이루어져 있으며 타원의 장축은 원의 지름과 같다. 어떤 타원궤도의 전자가 다른 궤도로 전이될 때의 에너지 변화, 즉 스펙트럼선의 진동수는 원 궤도에서 전이될 때와 약간 차이가 난다. 따라서 매우 가깝긴 하지만 두 개의 다른 주파수를 갖는 스펙트럼선이 얻어진다. 그러나 이론적으로 예측되는 것보다 적은 수의 선들이 관찰되는 문제가 여전히 남아 있다.

보어는 대응원리를 도입하여 이런 어려움을 극복하였다. 이 원리는 대단히 중요하고 새로운 관점이며 좀 더 고전적인 관점에 가깝다. 이 이론에 의하면 몇몇 전이는 일어날 수 없는데 이것은 수소 원자보다 무거운 원자들의 전자궤도를 결정하는데 매우 중요하다. 헬륨 핵의 전하는 수소의 두 배이며 중성의 상태에서 두 개의 전자가 돌고 있다. 헬륨은 수소 다음으로 가벼운 원자로 두 개의 변형을 가질 수 있다. 하나는 파 헬륨으로 좀 더 안정한 헬륨이, 다른 것은 오소 헬륨이다. 처음에는 이들이 두 개의 다른 물질로 인식되었다. 대응원리에 의하면 파 헬륨의 두 전자는 바닥궤도에서 60도의 각도를 이루는 두 원을 따라 움직인다. 한편 오소 헬륨은 두 전자의 궤도가 동일명상에 놓여 있으며, 하나는 원 모양, 다른 하나는 타원 모양이다. 헬륨 다음의 원자량을 가진 원소는 세 개의 전자를 가진 리튬이다. 대응원리에 의하면 두 개의 최내각 전자들은 파 헬륨의 두 전자들과 동일한 궤도이며, 세 번째 궤도는 안쪽의 궤도보다 훨씬 큰 크기의 타원궤도를 가진다.

비슷한 방법으로 보어는 대응원리를 바탕으로 원자들의 차이를 결정하는 가장 중요한 전자궤도를 구축할 수 있었다. 그것은 원자의 화학적 특성이 결정되는 최외각 전자궤도의 위치에 관한 것으로서 이를 바탕으로 원자가가 결정되기도 한다.

6

기본 전하량의 발견

(1923년 물리학)

▌ 로버트 밀리칸(1868~1953)

    로버트 밀리컨은 전기가 가장 기초적인 단위로 되어 있다는 것을 증명하고자 하였다. 이를 위해서는 그 원천이 무엇이든지 전기는 전하의 한 단위 또는 그 단위의 정수배여야 한다는 것을 입증해야 했다. 즉 그는 기본 전하의 단위는 항상 일정하다고 믿을 수 있는 단일 이온의 전하를 측정할 필요가 있었고 자유 전자도 마찬가지로 증명해야 했다.

    그는 실험에서 두 개의 수평으로 놓인 금속판을 마련하고 두 금속판의 거리를 조금 떨어지게 하였다. 그리고 스위치를 이용해 두 개의 판을 고압 전류의 극들에 연결시키거나 누전시켰다. 금속판 사이의 공기는 차폐될 수 있는 라듐으로 이온화하였다. 위에 있는 중앙에는 미세한 구멍이 하나 뚫려 있고 그 구멍을 통해 약 천 분의 1밀리미터의 지름을 가진 기름방울을 분사하였다.

그 구멍으로 분사된 기름방울은 금속판 사이의 공간에 들어가게 되고, 이때 금속판 사이의 공간에는 빛이 비춰져 기름방울은 반짝이게 된다. 밀리칸 교수는 망원경을 통해 기름방울이 그 사이를 통과하는 시간을 측정하였다. 그러한 방법으로 그는 기름방울의 하강 속도를 측정하였다.

기름방울은 분사할 때 일어난 마찰 때문에 전기를 띠게 된다. 기름방울이 떨어질 때 전류의 스위치를 켜 기름방울에 있는 전하로 인해 상판으로 끌려 올라가도록 했다. 그리고 기름방울의 상승 속도를 측정했다. 그 후 금속판을 단락 시켜서 다시 기름방울을 떨어지게 했다. 이런 식으로 기름방울이 오르락내리락하는 과정을 계속 반복하여 상승 및 하강 속도를 측정하였다. 이 실험 결과 떨어질 때의 속도는 일정했지만 상승할 때의 속도는 측정할 때마다 달랐는데 이것은 판 사이에 있는 이온들이 기름방울에 달라붙기 때문이었다.

상승 속도의 차이는 달라붙은 전하의 양에 비례하고 속도의 차이는 항상 같은 값 또는 그 값의 정확한 배수였다. 즉 실험을 반복함에 따라 기름방울에는 정확히 전하의 기본 단위 또는 그 단위의 정수배만큼의 전하가 달라붙었다. 이런 방법으로 아주 많은 경우에 대하여 단일 이온의 전하가 측정되었다. 전기는 동일한 단위로 이루어져 있다는 것과 전기의 단위를 정확히 측정한 것은 물리학에 있어 아주 중요한 결과가 되었다.

7

전자의 파동 성질 발견

(1929년 물리학)

▌루이 드 브로이 (1892~1987)

빛의 성질은 가장 오래된 물리학 문제 중의 하나였다. 고대 철학자들은 이 현상을 근본적으로 다른 두 종류의 개념으로 설명하였다. 물리학의 토대가 생겨나던 시대, 즉 천재 뉴턴이 등장하던 시기에는 두 개념이 확실하고 명확한 형태로 발전되었다. 두 이론 중 하나의 이론에 따르면 빛은 물질이 외부로 방출한 미립자라고 설명한다. 다른 이론은 빛은 파동이라고 한다. 이렇게 두 이론이 공존 가능했던 이유는 빛이 전파 법칙, 즉 빛이 구부러지지 않고 직선으로 퍼져 나가는 현상을 잘 설명했기 때문이다.

19세기는 빛의 파동이론이 승리했다. 그 시기에 연구를 시작한 모든 사람들은 빛이 파동이라는 것을 확실하게 배웠다. 빛을 파동으로 간주한 이유는 파동이론으로는 아주 잘 설명이 되지만 입자이론으로는 설명이 되지 않는 일련의 현상들 때문이다. 대표적인 현상 중의 하나가 빛이 통과하지 않는 막에 뚫린 작은 구멍을 빛이 통과할 때 나타나는 회절현상이다. 빛의 회절로 밝고 어두운 선이 교대로 나타났다. 이 현상은 오랫동안 파동이론을 증명하는 결정적인 근거였다. 더욱이 19세기에 빛에 대한 더 복잡한 현상들이 많이 알려졌고 그 현상들은 모두 예외 없이 입자이론으로는 설명하기가 불가능한 반면 파동이론으로는 완벽하게 설명되었다. 이제 빛의 파동이론은 명확하게 성립되는 것처럼 보였다.

19세기는 또한 원자의 개념이 물리학에 뿌리를 내린 시기이기도 했다. 19세기 말에 이루어진 위대한 발견들 중 하나는 자유 상태에서 발생하는 음극을 띠는 가장 작은 단위인 전자의 발견이다.

이러한 두 가지 흐름의 영향 아래 19세기 물리학이 우주를 설명하는 방법은 다음과 같다. 우주는 두 개의 세계로 나누어진다.

하나는 빛, 즉 파동으로 이루어진 세계이고, 다른 하나는 물질, 즉 원자와 전자들로 이루어진 세계이다. 이러한 두 세계가 교류함으로써 우리는 우주를 지각할 수 있다.

20세기에 들어서면서 우리는 빛이 파동이라는 것을 증명하는 많은 현상과 함께 빛은 입자라는 것을 증명하는 다른 현상들도 많이 있다는 것을 알게 되었다. 어떤 물질에 빛을 쪼이면 물질에서는 전자의 흐름이 생겨난다. 이때 방출되는 전자의 수는 빛의 강도에 따른다. 그렇지만 전자가 물질을 떠나는 속도는 항상 동일하다. 이 경우 빛은 마치 변경되지 않은 우주 공간을 가로질러 온 작은 입자로 되어 있는 것처럼 보인다. 따라서 빛은 파동인 동시에 입자의 흐름이기도 하다. 빛의 속성들 가운데 일부는 파동으로, 다른 일부는 입자로 설명된다. 그리고 두 가지 모두 사실이다.

루이 드 브로이는 대담하게도 물질의 모든 속성들이 입자론으로 설명될 수 없다고 주장하였다. 드 브로이는 물질의 많은 현상들이 입자론으로 설명할 수 있지만 어떤 경우 파동으로만 간주해야만 설명이 가능한 현상도 있다는 것이다. 이 이론을 뒷받침해 주는 어떤 실험 결과도 보고되지 않았던 그 당시 루이 드 브로이는 불투명한 막 속에 있는 빛과 똑같은 현상을 보일 것으로 단언하였다. 그렇지만 전자가 파동의 성질을 가진다는 것을 증명하기 위한 실험은 본인이 제안한 방식으로 진행되지는 않았다. 대신 전자빔들이 결정표면에 반사될 때 또는 얇은 막들을 관통할 때 일어나는 현상 등으로 전자의 파동성을 증명할 수 있다. 다양한 방법으로 얻은 실험 결과는 드 브로이의 이론을 뒷받침하고 있다. 이제 물질은 파동의 성질이 있다고 가정해야만 설명할 수 있는 성질이 있다는 것이 사실로 드러났다. 완벽하게 새로운, 예전에는 의심했던 물질이 가진 성질의 한 측면이 이렇게 해서 드러나게 되었다.

8

불확정성원리와 파동방정식

(1932, 1933년 물리학)

▌ 칼 하이젠베르크(1901~1976)
▌ 에르윈 슈뢰딩거(1887~1961)
▌ 폴 디랙(1902~1982)

러더퍼드 이후 보어는 원자의 내부는 무겁고 양전하를 띤 입자들로 구성되어 있으며 그 주위를 음전하를 띤 가벼운 전자들이 핵에 이끌려서 원자핵에서 떨어지지 않고 닫힌 경로로 돌고 있다고 가정했다. 핵에서 전자의 경로가 멀리 떨어져 있는지 가까운지에 따라 전자는 다른 속도와 에너지를 가진다.

보어는 더 나아가 전자가 주어진 경로 내에서 움직일 때의 에너지가 빛의 양자의 정수배에 해당될 경우에만 주어진 경로가 허용될 수 있다고 가정했다. 또한 빛은 전자가 한 경로에서 다른 경로로 갑작스럽게 이동할 때 발생하고 경로가 변환되면서 변화한 에너지를 플랑크 상수로 나누면 발생하는 빛의 주파수를 얻을 수 있다고 가정했다.

그러나 보어가 얻은 빛의 주파수는 단 하나의 전자만을 가진 수소 원자에는 유효했으나 좀 더 복잡한 원자 또는 특정한 광학적 현상과는 일치하지 않았다. 그럼에도 불구하고 수소원자의 경우 보어의 방법이 유효하다는 것은 플랑크상수가 입자로서의 빛과 파동으로서의 빛의 속성에 대한 결정적인 요소라는 것을 의미한다. 다른 한편으로는 원자 내부에서 일어나는 빠른 운동을 설명하는 데 고전역학에 근거를 둔 보어의 방법을 적용하는 것은 적당하지 않을 수 있다는 생각이 들기도 한다. 여러 방면에서 보어의 이론을 발전시키고 개선하려는 노력이 이루어졌지만 모두 허사였다. 원자와 분자의 진동 문제를 해결하기 위해서는 새로운 생각이 필요했다.

1925년 각기 다른 시작점과 방법들을 사용한 하이젠베르크, 슈뢰딩거, 디랙의 연구에서 해법이 발견되었다.

슈뢰딩거는 물질파이론을 이용하여 이 문제를 해결하였는데, 전자는 진행파이기 때문에 빛의 전파를 결정하는 파동방정식과 같은 방법으로 전자들의 운동에 대한 파동방정식을 찾는 것이 가능할 것으로 생각했다. 이 파동방정식의 해로부터 원자 안의 전자의 운동에 대한 적당한 진동을 선택하는 것이 가능해졌다. 그는 또한 전자의 다른 운동에 대한 파동방정식을 결정하는 데 성공하였다. 그리고 이런 방정식들은 시스템의 에너지가 플랑크상수의 정수배에 해당될 때에만 해가 얻어질 수 있었다.

슈뢰딩거의 이론이 나타나기 얼마 전 하이젠베르크가 유명한 양자역학 이론을 발표하였다. 그는 매우 다른 출발점에서 시작했고 아주 초기부터 문제를 넓은 각도에서 보았기 때문에 전자, 원자, 분자 등 모든 시스템을 다룰 수 있었다. 하이젠베르크에 따르면 직접적으로 측정이 가능한 물리적인 양들이 연구의 출발점이 되어야 하고, 이러한 양들이 연결시키는 법칙들을 찾아내는 것이 연구의 목적이었다. 이때 처음으로 생각할 양은 원자와 분자의 분광선 안에 있는 각각의 선들의 강도와 빈도이다. 하이젠베르크는 스펙트럼의 모든 진동을 조합해 하나의 체계로 묶은 후 그가 만든 계산의 기호규칙을 통해 수학적으로 취급하였다.

고전역학에서 평행운동과 회전운동이 서로 특수하게 다르게 취급된 것처럼 원자 내부에서의 운동들도 어느 정도는 서로 독립적인 것으로 다루어야 한다는 것이 이미 결정이 된 바 있다. 여기서 관련해서 언급해야 할 것은 분광선의 속성을 설명하기 위해서는 양성자와 전자들이 자전해야 한다는 가정이다. 그는 양자역학에서 원자와 분자의 다른 종류의 운동은 다른 체계를 형성한다. 하이젠베르크 이론의 근본적인 요소는 위치좌표와 전자 속도 사이의 관계와 연관하여 그가 수립한 규칙이다. 그리고 그 규칙에는 플랑크상수가 양자역학 계산에 결정적인 요소로 도입되어 있다.

디랙은 가장 일반적인 조건에서 시작하는 파동역학을 정립하였다. 처음부터 그는 상대성이론의 가정을 충족하는 파동역학을 만들었다. 일반적인 방식으로 파동역학을 만들자 가정으로 생각됐던 전자의 자전이 이론의 결과로 나타났다.

디랙은 초기의 파동방정식을 더 간단한 두 개의 방정식으로 나누었다. 그리고 각각의 방정식에 대한 독립적인 해를 구했다. 해 중의 하나는 전자의 질량과 전하량의 크기는 같지만 부호는 다른 양전자가 존재해야 한다는 것을 예측하였다. 이 결과로 디랙의 이론은 곤란하게 되었는데 그 이유는 그 당시 알려진 입자들 중 양전하를 띤 입자는 전자보다 훨씬 무거운 원자핵뿐이었기 때문이다. 처음에는 이론이 실재를 반영하지 못한 틀린 이론처럼 보였지만 이론에서 예측된 양전자는 후에 실험에서 발견되어 디랙의 이론이 타당함을 입증하였다.

9

중성자의 발견

(1935년 물리학)

▎ 제임스 채드윅(1891~1974)

1920년 러더퍼드는 양성자와 전자 외에 양성자와 비슷한 질량을 가지고 있지만, 전기를 띠지 않는 입자가 존재한다고 주장하고 이를 중성자라고 불렀다. 그러나 시간이 지나도 중성자를 찾으려 했던 시도들은 실패로 돌아갔다. 전하를 띠지 않는 입자를 찾는 것은 결코 쉽지 않은 일이었기 때문이다.

전자와 마찬가지로 중성자와 양성자는 아주 작은 입자들이다. 하지만 전하를 띤 입자들은 전하 때문에 항상 전기장을 동반하며 이것은 이 입자들이 실제의 크기보다 상당히 큰 것처럼 행동하게 한다. 따라서 입자가 가진 전하로 인해 어떤 물체를 통과할 때 원자의 전하에 영향을 미친다. 즉, 전하를 가지고 있는 입자들은 그것들이 물체를 통과할 때 어렵지 않게 확인할 수 있다.

하지만 중성자는 전하를 가지고 있지 않기 때문에 어떠한 영향도 받지 않고 확인도 되지 않았다. 만일 중성자가 다른 입자와 충돌한다면 확인할 수 있겠지만 중성자의 크기가 중성자들의 간격에 비해 너무 작아서 이런 일은 거의 일어나지 않는다. 이로 인해 중성자는 자신의 운동에너지를 상실하지 않은 채 수천 킬로미터의 공기를 통과할 수 있다. 양성자와 전자는 전하를 가지고 있어서 전기장이나 자기장에 노출이 되면 경로에 영향을 받으면서 쉽게 관찰할 수 있지만, 중성자는 그렇지 않아 오로지 원자핵과 충돌하는 경우 발견이 가능할 뿐이다.

채드윅은 베릴륨 복사가 베릴륨에서 방출된 중성자들로 이루어져 있다고 가정하고 베릴륨 복사가 원자핵에 충돌할 때의 에너지 교환에 관해 연구를 했다. 그리고 실험 결과가 계산과 일치한다는 것을 알아냈다. 그리고 이러한 것은 다른 물질 복사에서도 같은 결과였다. 이는 중성자가 분명히 존재한다는 것을 의미한다.

그는 또한 충돌할 때 여러 원소의 원자핵이 다른 원소의 핵으로 변화하거나 중성자로 변화할 때 여러 원소의 원자핵이 다른 원소의 핵으로 변화하거나 중성자로 변화할 때 일어나는 질량의 교환을 관찰했다. 예를 들어 헬륨의 핵이 베릴륨의 핵과 충돌하면 탄소 핵과 중성자를 만들어 내는데, 다른 핵들의 질량을 알고 있으면 중성자의 질량을 계산하는 것은 간단하다. 다른 원소의 원자핵들 사이의 충돌에서 일어나는 질량의 교환을 관찰함으로써 채드윅은 중성자의 질량을 정확히 측정할 수 있었고 예상대로 양성자의 질량과 비슷하다는 것을 알아냈다. 이 결과는 원소들의 핵에서 질량을 정확히 계산하는 방법을 알려준다.

오늘날 원자핵은 많은 수의 양성자와 중성자로 되어 있다고 생각한다. 헬륨 핵의 경우에는 두 개의 양성자와 두 개의 중성자로 되어 있다. 헬륨 핵의 주변에는 두 개의 전자가 공전하고 있다. 고체의 원자에는 중성자 개수의 차이에 따라 동위원소들이 존재한다. 무거운 질량과 엄청난 투과력으로 중성자는 원자핵의 분열을 일으키는 중요한 원천이라는 것을 알게 되었다.

중성자의 존재가 증명됨에 따라 과학자들이 생각하는 원자의 구조에 대한 새로운 개념은 원자핵 내의 에너지 분포에 더욱 정확하게 일치했다. 중성자가 원자와 분자 그리고 우주의 물질을 이루는 구성 성분 중 하나라는 사실이 충분히 증명되었다.

10

인공 방사성 원소의 연구

(1938년 물리학)

▌엔리코 페르미(1901~1954)

러더퍼드는 방사능 물질에서 나온 무거운 헬륨의 핵을 물질에 고속으로 충돌시켜 원자들을 쪼개는 데 성공하였다. 한 예로 질소 핵에 헬륨의 핵을 충돌시키면 질소로부터 수소의 핵이 쪼개져 나오고, 나머지와 충돌한 헬륨이 산소 핵을 만들었다. 즉 질소와 헬륨이 산소와 수소로 변환된 것이다.

헬륨의 방사선을 이용한 러더퍼드 식의 원자붕괴 실험은 이후 졸리오와 퀴리 등 다른 연구진이 계속 진행하였다. 그들은 새로운 동위원소가 생기면 이 동위원소들은 대부분 방사능 물질로 방사선을 방출하면서 계속 붕괴된다는 것을 발견하였다. 이것은 매우 비싸고 얻기 어려운 라듐을 대체할 물질을 인공적인 방법으로 얻을 수 있다는 것을 보여 주었다는 점에서 대단히 중요하다.

그러나 헬륨의 핵이나 수소의 핵을 사용하여 원자번호가 20이상인 원자를 쪼갤 수는 없었습니다. 즉 주기율표상의 가벼운 원자들만을 인공적으로 쪼갤 수 있었던 것이다.

한편 페르미는 이보다 더 무거운 원소, 심지어 주기율표에서 가장 무거운 원소까지 쪼개는 데 성공하였다. 그는 시 실험에 중성자를 사용하였다. 중성자는 핵을 구성하는 두 요소 중 하나이다. 중성자는 핵반응을 위해 입사되는 빔으로 아주 적절한 특성을 가지고 있다. 헬륨과 수소의 핵은 전하를 띠고 있어서 이들 입자가 어떤 원자의 핵에 다가가면 강한 반발력으로 튕겨져 나간다. 이와 반면 전하를 띠지 않은 중성자는 핵에 직접 충돌하여 멈추게 될 때까지 이런 방해를 전혀 받지 않는다. 그러나 원자간 거리에 비해 핵의 크기가 매우 작기 때문에 이런 충돌현상은 매우 드물게 일어나며 중성자 빔은 속도의 감소 없이 수 미터 두께의 철판을 통과할 수도 있다.

페르미는 중성자 충돌 실험들을 통해 대단히 유용한 결과들을 얻었으며, 원자핵의 구조를 밝히는 새로운 길을 열었다. 그는 방사원으로 베릴륨 분말과 방사능 물질을 혼합하여 사용하였다.

중성자가 원자핵에 충돌하면 중성자는 핵 안에 잡힌다. 가벼운 원소들은 수소나 헬륨의 핵을 쉽게 방출하지만 무거운 원소들은 원자 구성 입자들 사이의 인력이 대단히 강해서 현재 얻을 수 있는 중성자의 속도에서는 어떤 물질의 방출도 일어나지 않는다. 중성자에 의해 추가된 에너지는 전자기선을 방출하며 사라진다. 이 과정에서 전하의 양에는 변화가 없기 때문에 원래 물질의 동위원소가 만들어진 것이지만, 이 동위원소는 대부분 불안정하여 곧 붕괴되며 방사선을 내놓는다. 즉 방사능 물질이 만들어지는 것이다.

중성자를 이용한 첫 번째 실험 후 반년쯤 흘렀을 때, 페르미와 그의 동료들은 우연한 기회에 대단히 중요한 새로운 발견을 하게 된다. 그들은 중성자가 물이나 파라핀을 통과하고 나면 중성자 충돌의 효과가 극도로 증가한다는 사실을 발견했다. 그들은 곧 중성자가 이 물질들 내에 존재하는 수소핵과 충돌하면서 중성자의 속도가 감소했음을 알게 되었다. 일반적인 믿음과 달리 느린 중성자가 빠른 것보다 훨씬 강력한 효과가 있었던 것이다. 추가로 물질에 따라 어떤 특정 속도에서 가장 강한 효과가 나타난다는 것이 밝혀졌다. 이 현상은 광학이나 음향학에서 공명과 비슷한 현상이다.

느린 중성자를 이용하여 페르미는 수소와 헬륨 그리고 몇 개의 방사능 원소를 제외한 모든 원소의 방사능 동위원소를 만들 수 있었다. 400개 이상의 새로운 방사능 물질을 얻었는데, 이 중 몇 개는 라듐보다 강한 방사능을 가지고 있었다. 이들 물질 중 반 이상이 중성자를 충돌시켜 만든 것이다. 이들 인공 방사능 물질의 반감기는 1초에서 수일 정도로 비교적 짧다.

요약하면, 중성자를 무거운 원소의 핵과 충돌시기면 중성자가 핵 내부에 붙잡히면서 무거워진 원소의 동위원소가 만들어지는데, 그 동위원소가 방사능 물질이 된다. 이 동위원소가 붕괴될 때 음전하의 전자가 방출되는 것이 확인되었으며, 따라서 새로운 원소는 더 높은 양전하를 가진 원자번호가 하나 높은 원소로 전환된다.

무거운 원소에 중성자가 충돌할 때 일반적으로 관찰되는 이런 변화 패턴들을 주기율표 상의 마지막 원소인 원자번호 92번의 우라늄에 적용하면 어떻게 될까? 이 패턴에 의하면 붕괴의 첫 번째 산물은 93개의 양전하를 가지는 주기율표 바깥의 새로운 원소가 된다. 따라서 우라늄을 이용하여 실험하면 당시까지 알려진 가장 무거운 원소인 우라늄보다도 더 무거운 원소들을 발견할 확률이 가장 높다. 실제로 페르미는 원자번호가 93과 94인 두 개의 새로운 원소를 만드는 데 성공했으며, 각각 오세늄과 헤스페리움이라고 이름을 붙였다. 페르미의 중요한 발견들은 그의 탁월한 실험 기법과 뛰어난 창의성 그리고 직관력이 있기에 가능했다.

11

트랜지스터의 발견

(1956년 물리학)

▋ 윌리엄 쇼클리(1910~1989)
▋ 존 바딘(1908~1991)
▋ 월터 브래튼(1902~1987)

자연에 도체와 부도체라는 극단적인 두 성격의 물질이 없었다면, 오늘날의 전기공학은 상상도 할 수 없었을 것이다. 부도체에는 전하를 옮길 수 있는 운반자가 거의 없지만, 도체에는 원자 한 개당 하나 꼴로 대단히 많은 운반자가 있다. 100년 전에 최초의 대서양 횡단 케이블을 통해 유럽에서 미국으로 전하가 전달되었다.

한 무리의 전하 운반자들이 유럽 쪽 입구로 들어가면, 잠시 후에 미국 쪽 출구에서 전하 운반자들이 방출되었다. 그러나 이 둘은 같은 운반자들이 아니다.

전체 케이블 속은 전하 운반자들로 꽉 들어차 있기 때문에 전하 운반자들이 한쪽 끝에서 들어가려면 내부의 전하 운반자들을 밀어 공간을 확보해야 한다. 이렇게 밀면 일종의 충격파가 만들어지고 빛의 속도로 전하 운반자를 따라 전달되어 미국 쪽 출구 근처에 있는 전하 운반자들을 밀어내는 것이다.

이렇게 전하 운반자는 아주 짧은 거리를 움직일 뿐이지만 전하 자체는 먼 거리까지 빛의 속도로 전달된다. 오랜 옛날에는 서로 반대 방향으로 움직이는 양과 음의 전하가 있다고 생각했지만, 프랭클린은 한 종류의 전하만 있으면 충분하다고 생각하였다. 프랭클린의 주장은 1900년도의 위대한 발견들, 즉 금속성 도체 내의 전하는 전자이며 음의 전하만을 띠고 있다는 것을 관찰함으로써 증명되었다.

전하의 숫자 면에서 도체와 부도체 사이에는 큰 간격이 있다. 이 커다란 간격을 이제는 반도체가 채우고 있다. 현재 사용되는 반도체들은 게르마늄이나 실리콘으로 만든 것들이다. 이들 순수한 원소는 전하가 거의 없지만 여기세 불순물을 조금 첨가하면 전하의 양을 조절할 수 있다. 인 원자를 실리콘에 넣어 주면 인은 하나의 전하를 내놓는다. 10만 분의 1정도를 넣어 전하를 만들면 반도체로서 충분하다. 더 괄목할 만한 것은 보론(붕소)을 첨가하면 반대 특성의 운반자, 즉 양전하의 운반자를 만든다는 것이다. 보론은 실리콘으로부터 전자 하나를 훔쳐 가는데, 그러면 전자가 있던 곳에는 홀이 남게 된다. 이 홀은 이동이 가능하기 때문에 반도체 내에서 마치 양전하의 운반자처럼 활동하는 것이다.

전자를 내놓는 원소들과 전자를 훔치는 원소들을 어느 쪽이 지배적이 되도록 집어넣느냐에 따라 반도체는 운반자로서 홀과 전자를 동시에 가질 수 있다. 기술적으로 중요한 반도체의 많은 특성 중에는 홀과 전자의 상호작용에 기인하는 것이 많다. 두 종류의 전하 운반자라는 개념은 프랭클린의 관점에 반하는 것이지만, 이 개념은 반도체를 이용한 정류기가 사용되기 시작한 1930년대에 한 발 더 발전하였으며, 전극을 추가하여 진공관의 그리드처럼 이 정류기를 제어하려는 시도가 진행되었다. 실패를 거듭한 끝에 1948년에 반도체 동작을 발견함으로써 쇼클리와 바딘, 그리고 브래튼은 반도체 제어의 열쇠를 쥐게 되었고, 반도체 문제를 해결하는 새로운 무기를 갖게 되었다.

12

레이저의 발명

(1964년 물리학)

▌**찰스 타운스(1915~2015)**

▌**니콜라이 바소프(1922~2001)**

▌**알렉산드르 프로호로프(1916~2002)**

메이저(MASER)는 'Microwave Amplification by Stimulated Emission of Radiation', 즉 '복사에 유도방출에 의한 마이크로파 증폭'의 뜻이다. 레이저(LASER)는 메이저의 'Microwave'를 'Light'로 바꾼 것이다.

1917년 아인슈타인은 자발적 발광, 즉 유도방출이라는 개념을 제안하였다. 그는 막스 플랑크의 복사 공식들을 이용하여 빛의 흡수 과정은 반드시 그에 대응하는 과정을 함께 한다는 것을 알아냈다.

이것은 흡수된 빛이 원자들을 유도하여 같은 종류의 빛을 방출하게 할 수 있다는 것을 의미한다.

이 과정은 증폭이 가능하다는 것을 뜻하고 있지만, 오랫동안 이러한 유도방출은 실제로 구현되거나 관찰되지 못할 이론적 개념에 불과하다고 생각되었다. 왜냐하면 일반적인 조건에서는 복사보다 흡수가 더 지배적이기 때문이다.

증폭은 유도방출이 흡수보다 커야 가능한데, 이것은 이곳 상태(들뜬상태)의 원자가 기저상태(바닥 상태)의 원자보다 많아야 가능하다. 이런 불안정한 에너지 상태를 반전밀도 상태라고 한다. 메이저나 레이저 발명은 이런 반전 밀도 상태를 만들어서 유도방출이 증폭에 사용될 수 있는 조건을 만들어야 했다.

이러한 메이저에 대한 첫 번째 시도가 컬럼비아 대학의 타운스와 모스크바의 레베데프 연구소의 바소프, 프로호로프에 의해 성공되었다. 그 이후 다양한 형태의 메이저들이 설계되었고, 많은 사람들의 연구로 인해 개발되었다. 메이저에서 가장 널리 사용되는 방법은 금속이온을 함유한 수정을 사용하는 것이었다. 이러한 메이저들을 이용하면 아주 정교한 단파장의 라디오파 수신기를 만들 수 있다.

레이저 개발은 레베데프 연구소와 타운스 그룹에서 메이저의 원리가 빛에도 일반적으로 적용될 수 있는지에 관해 연구를 시작한 1958년 스음부터 시작되었다. 그리고 2년 뒤 최초의 레이저가 만들어졌다.

마이크로파에서 가시광선으로 발전한 것은 주파수가 10만 배나 증가하는 것이기에 완전한 새로운 발명이라 할 수 있을 것이다. 유도방출이 지배적으로 일어날 수 있을 만큼의 높은 복사밀도를 구현하기 위해서는 두 개의 거울을 이용해서 빛을 복사 물질 사이에 가두어 그 물질 사이를 여러 차례 오가도록 만든다. 그러면 유도방출이 산사태처럼 일어나면서 모든 원자들이 에너지를 일시에 방출한다. 유도방출의 상과 주파수가 동일하다는 특징은 바로 이러한 과정을 거쳐 방출이 일어나기 때문이다. 이러한 공명에 의해 모든 활성 매개체들이 힘을 합쳐 하나의 강한 파를 방출하는 것이다.

레이저는 상과 주파수가 동일한 결이 맞은 광선을 방출하는데, 이 점이 바로 레이저와 일반 광원을 구분하는 결정적인 차이다. 일반 광원의 경우 원자들이 각자 독립적으로 빛을 내기 때문에 상과 주파수가 일치하지 않는다.

최초의 레이저는 방사 물질로 루비 막대를 이용한 루비 레이저였는데, 지금도 가장 널리 사용되고 있다. 이 레이저는 수 센티미터 길이의 루비 막대 양 끝을 연마하고 은으로 도금하여 거울로 사용하는데, 복사된 빛이 막대 밖으로 나갈 수 있도록 한 면은 반투과성의 거울로 만든다. 루비는 적은 양의 크롬을 함유한 산화알루미늄 결정이다.

루비가 붉은색을 띠는 것은 포함된 크롬이온들 때문인데, 이 크롬이온이 레이저를 구현하는 중요한 역할을 한다. 루비 레이저에서는 반전 밀도 상태를 만들기 위해 크세논램프의 빛을 사용한다. 이 크세논램프의 빛을 크롬 이온이 흡수하여 정해진 주파수의 붉은빛을 방출할 수 있도록 여기되는 것이다.

보통 램프에서 섬광이 번쩍일 때 레이저 빛의 연속적인 펄스가 방출된다. 에너지가 최대에 도달하도록 레이저 빛의 방출을 억제하면 모든 에너지가 하나의 큰 펄스로 방출된다. 이 조건에서 방출되는 레이저는 수억 와트 이상이 되기도 한다. 또한 방출되는 빛의 다발들이 매우 평행하기 때문에 렌즈를 이용해서 전체 에너지를 작은 면적에 집중시킬 수가 있어서 커다란 에너지를 얻을 수 있다. 이런 높은 강도의 빛은 물질과 빛 간의 상호작용에 관한 연구에 새로운 가능성을 열었다.

13

항성의 에너지 이론

(1967년 물리학)

▌ 한스 베테(1906~2005)

인류가 존재한 시간은 물론 태양을 이용해 영양분을 생산하던 생명체가 지구에서 발전하고 번성해 온 매우 오랜 시간 동안 태양이 어떻게 계속 빛과 열을 방출할 수 있었을까? 지구의 나이를 좀 더 정확하게 알게 되면서 이런 의문을 해소할 가능성은 더욱 없어 보였다.

이제까지 알려진 어떠한 에너지 원천으로도 그 오랜 시간의 에너지 방출을 설명할 수 없었다. 무언가 알려지지 않은 과정이 태양의 내부에서 작용하고 있음에 틀림없었다. 지금까지 알려진 어떠한 연료로도 설명할 수 없는 태양에너지는 방사능이 발견되고 나서 그 수수께끼를 해결할 수 있는 것처럼 보였다. 이후 태양에는 방사능을 방출하는 방사성 물질의 양이 충분하지 않아 방사능이 태양 에너지의 근원이 아니라는 것이 밝혀졌지만, 방사능에 대한 자세한 연구를 통해 새로운 연구 분야를 만들어 내고 태양 에너지의 근원이 어디에 있는지 밝힐 수 있었다.

수소 원자의 핵인 양성자가 모든 원자핵의 공통적인 구성입자라는 것은 명백하게 밝혀졌다. 그리고 양성자는 전하를 가지고 있다. 또 다른 원자핵을 이루는 구성입자인 중성자는 이름처럼 전기적으로 중성이며 원자핵이 발견된 지 21년이 지난 1932년 발견되었다. 중성자가 발견되기까지도 원자핵에 대한 상당 기간 연구가 진행되었지만 진정한 의미의 핵물리학은 중성자의 발견에서부터 시작되었다고 할 수 있다. 그 당시 베테는 빠르게 발전하는 실험 분야의 발견에 관련된 많은 물리적인 문제들을 능숙하게 해결할 수 있는 능력 있는 젊은 이론 물리학자였다.

당시 물리적인 문제의 핵심 중 하나는 원자핵 내에서 양성자와 중성자를 붙드는 힘인 전기적 힘의 원자핵 버전이라고 생각할 수 있다. 베테는 이 문제들의 해법을 찾는 데 많은 기여를 하였다.

베테는 1938년 3월 워싱턴에서 개최된 미국 물리학회가 끝난 후 자신의 연구를 시작했는데 같은 해 9월 초 완전한 설명을 포함하는 논문을 제출하였다. 그는 학회 기간과 그 후 6개월 동안 설명에 필요한 천체물리학 지식을 습득했다. 필요한 천체물리학 지식의 주된 부분은 1926년에 에딩턴이 수행한 연구였다.

에딩턴의 연구에 따르면 태양의 가장 안쪽 내부는 매우 뜨거운 가스로서 주로 수소와 헬륨으로 구성되어 있다. 섭씨 2천만 도라는 높은 온도로 인해 이 원자들은 밀도가 물보다 80배나 높음에도 불구하고 전자와 원자핵이 서로 분리된 채 섞여 있으며 실제 가스처럼 반응한다. 이 상태를 유지하기 위해 필요한 에너지의 양은 지구에 도달하는 복사에너지를 측정하면 알 수 있다. 전체로 보면 그 에너지는 매우 크지만 엄청난 태양의 크기를 생각하면 핵반응의 속도는 매우 느리다. 이것은 태양을 이루고 있는 물질이 평균 300톤당 60와트의 전력을 방출하는 것과 같다. 느린 연소와 높은 에너지가 적은 질량에서 방출되기 때문에 오랜 시간을 지구 생명체에 에너지를 전해 주었고, 그 결과 지구의 생명체는 존재할 수 있었다. 베테는 태양과 유사한 항성에서 에너지가 만들어지는 근원은 원자핵 반응이라고 확실히 증명하였다.

원자폭탄은 말할 것도 없이 원자로에서는 그렇게 빠른 핵반응이 왜 태양에서는 그렇게 느린 것일까? 그리고 왜 보통의 조건에서는 존재하지 않는가? 그 이유는 원자핵들이 모두 같은 전하를 가져 전기적 척력을 받고 있으며, 핵들을 한데 모을 수 있는 핵력의 작용범위가 매우 짧기 때문이다. 핵력은 난쟁이가 태양만 하다고 할 때 난쟁이 정도의 거리에서만 작용한다. 핵반응이 일어나기 위해서는 양성자가 다른 원자핵에 가깝게 접근할 수 있어야 하는데 이렇게 되기 위해서는 양성자의 속도가 엄청나게 커야 한다.

가모프는 핵물리학을 천문학에 적용한 선구자로서 원자핵반응에 미치는 양자역학적 터널효과에 대해 연구하였다. 양성자가 양자역학적으로 터널링을 하지 않는다면 태양의 중심과 같은 높은 온도도 핵반응을 일으키기에는 충분하지 않다. 터널링효과로 비교적 낮은 온도에서 느린 핵반응이 가능하다. 그러나 원자로에서의 반응은 다르다. 왜냐하면 핵반응은 중성자에 의해 일어나고 중성자는 전하가 없어 핵의 전하에 의한 전기적 척력이 없기 때문에 멈추지 않는다. 그러나 중성자는 수명이 짧고 따라서 보통의 상황에서도 매우 드물게 관찰되며 심지어 태양에서도 드물게 존재한다.

베테가 항성에서의 에너지 발생에 대한 연구를 시작할 때에도 핵에 관한 지식에는 커다란 틈이 있어 이 문제를 해결하는 것이 매우 어려웠다. 그러나 자신의 이론과 천문학 결과를 계속 비교하면서 미성숙한 이론과 불완전한 실험 결과를 놀랍게 조합하여 태양과 비슷한 항성에서 일어나는 에너지 생성 메카니즘을 설명하는 데 성공하였다. 베테의 이론은 상당한 시간이 흐른 후 많은 양의 실험 결과가 축적되고 컴퓨터로 수치를 계산했음에도 단지 약간의 수정만이 이루어졌을 정도로 정확한 것이었다.

그의 중요한 업적은 태양의 중심에서 일어난다고 생각되는 많은 수의 핵반응 과정이 제거되었다는 점이다. 베테 이후에는 단 두 개의 가능한 과정만이 남았다. 두 과정 중 간단한 것은 두 개의 양성자가 충돌해 양성자와 중성자로 이루어진 중수소의 핵을 형성하는 것이다. 이 과정에서 양전하는 양전자의 형태로 방출된다. 이후 몇 개의 양성자를 포획하는 과정을 거쳐 네 개의 양성자에서 헬륨의 핵을 형성한다. 주어진 수소의 질량에서 방출되는 에너지는 동일한 질량의 탄소를 연소시켜 이산화탄소를 만들 때 얻어지는 에너지 양의 2,000만 배에 달한다.

두 번째 과정은 좀 복잡하다. 두 번째 과정에서는 탄소가 필요한데 탄소는 촉매와 같이 실질적으로 소모되지 않는다. 그리고 그 결과는 이전의 과정과 동일하다. 첫 번째 과정은 베테보다 수년 전 애트킨슨이 제안하였으며 이후 폰 바이츠제커 역시 두 번째 과정을 베테와 독립적으로 연구했다. 그러나 애트킨슨과 폰 바이츠제커는 이 두 과정과 다른 예상 가능한 과정을 모두 분석해 이들 두 과정만이 태양과 같은 항성에서 일어나는 에너지 발생기전을 설명할 것이라고는 생각하지 않았다.

베테는 수년 동안 발전한 태양과 항성의 내부에서 일어나는 현상을 이해하는 데 가장 근간이 되었다.

14

기본입자의 분류와 상호작용에 대한 연구

(1969년 물리학)

▮ 머레이 겔만(1929~   )

1950년대 초반 그 당시 물리학자들은 분할할 수 없는 상당히 많은 수의 입자들이 있다는 사실을 알고 있었고, 따라서 이러한 기본 입자들이 모든 물질을 구성하는 건축재라는 것을 인지하고 있었다. 가장 먼저 알려진 입자는 전자였다.

원자핵에 대한 연구가 진행되면서 새로운 입자들이 추가되었다. 원자핵은 양전하를 띤 양성자와 전기적으로 중성인 중성자로 구성되었다는 것이 발견되었다. 원자핵을 구성하는 입자들은 원자핵 내에서 양성자와 중성자를 구별하지 않은 매우 강력한 힘인 핵력에 속박되어 있다. 핵력이 원자핵 내의 입자를 구별하지 않는다는 대칭성은 핵력이 전하와는 무관하다는 것을 뜻한다. 또한 양성자와 중성자의 질량은 매우 비슷하다. 그 결과 이들 두 입자는 원자핵 내에서는 핵자라는 공통의 이름으로 불리게 되었다.

1940년대 후반, 그 존재가 예측되었던 파이 중간자라는 입자가 발견되어 기본입자의 가족에 추가되었다. 이 입자에는 메손이라는 이름을 붙였는데 그 이유는 이 입자의 질량이 전자보다 크고 핵자보다는 작기 때문이다. 파이 메손은 일본의 물리학자인 유가와 히데키가 그 존재를 예측하였다. 메손에는 세 종류가 있는데, 단지 전하만이 양성자의 전하 단위로 +1, 0, -1로 다르고 질량은 거의 같다. 메손과 핵자들 사이의 상호작용은 매우 강하지만 전하와는 무관합니다. 메손의 가장 중요한 역할은 핵자 사이의 강한 상호작용을 매개하는 것이다.

거의 비슷한 시기에 영국의 물리학자 로체스터와 버틀러는 입자물리학의 새로운 장을 여는 매우 놀라운 발견을 하였다. 이들은 불안정한 새로운 입자를 발견했는데, 이 입자들은 그때까지 개발된 이론에 맞지 않았다. 새로운 입자들 중 어떤 것들은 핵자보다 무거웠는데 이 입자들은 모두 바리온이라고 불렀다. 다른 입자들은 핵자보다도 가볍지만 전자보다는 무거우며 K메손이라고 불렀다. 이 새로운 입자들은 높은 에너지의 파이 메손이 핵자와 충돌할 때 많은 양이 생성되기 때문에 다른 입자들과 강하게 상호작용을 할 것이라고 추측되었다.

이 입자들은 수명이 상당히 길었는데 이는 이 입자들이 다른 입자로 분해될 때 작용하는 강력을 막는 법칙이 존재해야 한다는 것을 의미했다. 파이스가 몇몇 예비적인 결과를 발표한 후 겔만은 강력을 막는 법칙을 발견했다.

초기에는 핵자와 같은 이중항(양성자, 중성자)에서 바리온이 만들어지고 파이 메손과 같은 삼중항(+1, 0, -1의 전하를 가지는 메손)에서 K메손이 만들어진다고 가정했다. 겔만은 가장 기초적인 새로운 가정을 추가했는데 그것은 단일한 삼중항과 이중항을 형성하는 새로운 바리온과 두 종류의 이중항을 형성하는 새로운 메손을 가정하고 하나는 다른 것의 반입자로 구성되어 있다는 것이었다. 겔만은 또한 전하 독립성의 원리는 강한 상호작용에 대해 만족한다고 가정했다. 이러한 가정에서 겔만은 새로운 입자들의 신비한 성질을 설명할 수 있었다. 그는 초전하라 불리는 다중항의 기본적인 특성을 새롭게 도입했다. 이것은 다중항에서 전하 평균값의 두 배로 정의되는 것이다. 겔만은 또한 새로운 규칙을 제안했다. 기본입자는 전체 초전하가 보존될 때에만 강력과 전자기 상호작용으로 다른 입자로 변환될 수 있다는 것이다. 이 규칙은 전하의 보존 법칙을 떠올리게 합니다. 겔만은 자신의 이론을 만들기 시작할 무렵에는 초전하를 사용하지 않고 기묘도라 불리는 초전하와 매우 밀접한 관계를 가지고 있는 수를 사용하였다.

겔만의 연구 결과는 실험적으로 알려진 입자의 수가 매우 적었음에도 불구하고 일반적인 이론을 만들어 냈다는 점에서 놀랍다. 예측된 바리온 다중항에서 빈 자리들이 나타났다. 겔만은 자신의 이론에 기초해 두 개의 새로운 바리온을 예측하였다. 그중 하나는 얼마 지나지 않아 발견되었다.

겔만이 발견한 기본입자의 분류와 이들의 상호작용은 모든 강한 상호작용 입자에 적용될 수 있음이 나중에 밝혀졌다. 그리고 이들은 1953년 이후 발견된 모든 입자에 실질적으로 적용되었다. 따라서 그의 이론은 입자물리학 연구에 기본이 되었다.

많은 이론물리학자들은 입자의 다중항들을 연결하는 새로운 대칭성을 발견하기 위해 수년 동안 노력했다. 겔만은 1961년에 중요한 논문을 새로 발표했는데 여기에서 그는 순수 수학에서 오랫동안 연구되어 온 대칭성이 모든 강한 상호작용을 하는 입자들을 분류하는 데 사용될 수 있음을 밝혔다. 전하 독립성에 해당되는 대칭성을 포함하는 새로운 대칭성이 맞다고 가정한 겔만은 자신의 초기의 다중항이 초다중항이라 불리는 더 큰 그룹으로 합쳐질 수 있음을 발견했다. 초다중항의 각각은 동일한 스핀과 패리티를 가지는 모든 바리온 또는 메손을 포함하고 있다. 여기에서 스핀은 자신들과 축을 따라 회전하는 것의 척도이고 패리티는 반사에 의해 변환되는 척도를 말한다.

겔만은 이러한 분류를 '팔정도'라 불렀다. 핵자들은 여덟 개 입자 즉 팔중항의 초다중항에 속한다. 메손의 경우 팔중항이 제안되었는데 파이 메손과 K메손은 일곱 자리만을 채웠다. 한 자리가 남았기 때문에 새로운 메손이 예측되었다. 이 입자는 1962년 겔만이 예측한 오메가 마이너스라는 새로운 바리온이었다.

겔만은 서로 강한 상호작용을 하는 모든 입자들은 쿼크라 이름 붙인 단지 세 종류의 입자와 그것의 반입자를 사용해 기술하는 것이 가능하다는 것을 발견했다. 겔만의 이론에 따르면 쿼크는 양성자의 전하에 비해 분수전하를 가지게 되는데 양성자의 전하는 분해가 불가능하다는 당시 알려진 지식과 매우 다른 견해였다. 하지만 이는 후에 실험적으로 증명되었다.

15

초전도체 이론의 개발

(1972년 물리학)

▎존 바딘(1908~1991)
▎레온 쿠퍼(1930~   )
▎로버트 슈리퍼(1931~2019)

초전도성은 많은 금속에서 일어나는 특이한 현상이다. 금속은 보통 상태에서는 일정한 전기저항값을 가지고 있다. 전기저항은 온도에 따라 변하는데, 온도가 내려가면 그 값이 감소한다. 그러나 많은 금속 물질에서 저항값이 온도 감소에 따라 단순히 감소하는 것이 아니라 어떤 특정 임계온도 이하에서 갑자기 사라지는 현상이 일어난다. 이 임계온도는 물질의 고유한 특성 주 하나이다.

이 현상은 1911년에 네덜란드의 오네스가 발견하였는데, 초전도체라는 용어는 전기저항이 완전히 사라진다는 것을 의미하는 말로서 나중에 엄밀하게 증명되었다. 낮은 온도에서 초전도성의 납으로 만든 고리가 2년 반 동안 전류의 손실이 전혀 없이 수백 암페어의 전류를 흘리기도 했다.

1930년대에 또 하나의 중요한 발견이 있었다. 초전도체 내로는 외부의 자기장이 뚫고 들어가지 못한다는 것을 발견한 것이다. 초전도체로 만든 그릇에 영구자석을 넣으면 자신의 자기력선을 쿠션 삼아 공기 중에 떠버린다. 이 현상은 마찰 없는 베어링을 만들 수 있음을 보여 주는 하나의 예가 된다.

초전도체가 되면서 금속의 특성들이 많이 달라지며 보통 상태와는 전혀 다른 새로운 효과들이 나타난다. 많은 실험 결과들은 초전도성이 근본적으로 다른 상태라는 것을 명확히 보여주고 있다.

초전도 상태로의 전이는 보통 절대온도 0도보다 몇 도 정도 높은 매우 낮은 온도에서 일어난다. 이 때문에 과거에는 초전도성이 실제로 응용된 경우가 거의 없었고, 광범위한 과학적 관심의 대상이었음에도 불구하고 이에 관한 연구는 저온물리학 실험실에만 가능했다. 그러나 이런 상황은 빠르게 변화하고 있으며 초전도 기기의 사용도 빠르게 늘어나고 있다.

초전도에 관한 실험 연구의 역사는 오래되었지만, 핵심적인 문제이 이 현상의 물리적 기전은 1950년대 말까지 미스터리로 남아 있었다. 많은 물리학자들이 이 문제에 도전했지만 성공하지 못했다.

그 이유는 찾으려는 기전이 대단히 독특한 특성을 가지고 있기 때문이다. 보통 상태에서는 전자들 각각이 임의로 움직인다. 이것은 마치 가스 내의 원자들과 비슷해서 원리상으로는 그 이론적 설명이 매우 간단하다. 그러나 초전도 금속 내에서는 전자들의 집합상태가 존재한다는 것이 실험적으로 밝혀져 있었다. 즉 전자들이 강하게 짝을 이루고 서로 관련을 가진 채 움직인다는 것이다. 그래서 수많은 전자들을 포함하는 거시적인 규모에서 대규모 결맞춤 상태가 존재할 수 있는 것이다. 이러한 짝짓기의 물리적 기전은 오랫동안 알려져 있지 않았다. 1950년에 이 문제를 해결할 수 있는 중요한 반전이 이루어졌는데 이론적으로, 그리고 실험적으로 초전도성이 전자의 운동과 금속격자를 이루는 원자의 진동 사이에 일어나는 상호작용과 관련되어 있음이 밝혀진 것이다.

전자들이 짝짓기에 관한 근본개념으로부터 바딘, 쿠퍼 그리고 슈리퍼는 초전도 이론을 개발했으며 1957년 초전도현상을 이론적으로 완전히 설명하는 논문을 발표했다.

그 이론에 따르면 전자와 격자 진동이 연결되면서 전자들이 단단한 짝을 형성하게 되는데 바로 이 전자의 짝들이 이론의 핵심이다. 바딘, 쿠퍼 그리고 슈리퍼는 각각의 전자쌍이 매우 강하게 연관되어 있으며, 이것이 수많은 전자들로 이루어진 거대한 결맞춤 상태를 만든다는 것을 보여 주었다. 이로써 초전도성의 기전에 관한 완전한 그림이 만들어졌다. 보통 상태에서 일어나는 개별 전자들의 임의적인 움직임과는 다른 바로 이 질서 정연한 전자들의 움직임 때문에 초전도성이라는 특별한 성질이 나타나는 것이다. 이 이론을 BCS이론이라고 부르기도 한다.

이 이론은 1957년 이후 확장과 수정을 거치면서 초전도 특성의 매우 세세한 부분까지도 설명할 수 있게 되었다. 또한 이 이론은 새로운 효과를 예측했으며, 이는 새로운 영역을 여는 이론적, 실험적 연구를 촉발하였다. 후자의 발전은 매우 중요한 발전으로 이어졌으며, 특히 측정 기술에 흥미로운 방법들이 개발되어 사용 중이다.

16

우주 초단파 배경복사 발견

(1978년 물리학)

▌아르노 펜지아스(1933~   )
▌로버트 윌슨(1936~   )

1930년대 초 미국 뉴저지 주의 벨 전화연구소에서는 칼 잰스키가 커다란 이동 안테나를 만들어 전파 잡음의 원인을 찾는 과정에서 잡음의 일부는 은하에서 오는 라디오파 때문이라는 것을 발견했다. 이것이 전파천문학의 시초였으며 제2차 세계대전 이후 전파천문학은 놀랄 만한 발전을 하게 된다.

1960년대 초반 에코 및 텔스타 위성과의 교신을 위한 통신소가 홈델에 세워졌다. 그곳에는 조정 가능한 혼 안테나가 설치되어 있어서 수 센티미터의 파장을 갖는 마이크로파를 민감하게 감지할 수 있었다. 전파천문학자인 아르노 펜지아스와 로버트 윌슨은 이 장치를 이용해서 은하수 같은 우주로부터 도착하는 전파 잡음을 관측하는 행운을 잡게 된다.

그들은 우주로부터 간섭이 거의 없을 것으로 생각되는 파장인 7센티미터 영역을 택해 잡음을 제거하는 방법을 찾고 있었지만, 목표 달성이 너무 어려워서 시간 낭비만 하고 있는 듯이 보였다. 그러나 그들은 모든 방향에서 동일한 강도를 갖고 하루나 일 년의 주기적 변화에 무관한 배경복사를 발견하였다. 따라서 이 복사는 태양이나 우리 은하로부터 오는 것이 아니었다. 복사 강도는 통신기술자들이 사용하는 용어인 안테나 온도, 3K에 해당하는 것이었다.

계속된 연구를 통해 파장에 따라 변하는 이 배경복사는 3K로 유지되는 우주에 관한 유명한 법칙을 따른다는 것이 확인되었다.

이 차가운 빛의 기원은 무엇인지에 대한 대답은 프린스턴 대학교의 물리학자인 다이크와 피블스, 그리고 윌킨슨이 논문으로 발표하였으며, 그 논문은 펜지아스와 윌슨의 논문과 나란히 실렸다.

그것은 러시아 태생의 물리학자인 조지 가모프와 그의 제자인 알퍼와 허먼에 의해 30년 전에 발표된 우주론과 연관되어 있었다. 우주가 지금도 일정하게 팽창하고 있다는 사실로부터 그들은 150억 년 전에 우주가 대단히 밀집되어 있었으며, 거대한 폭발인 이른바 '대폭발'에 의해 우주가 태어났다는 과감한 이론을 내놓았다. 그때 우주의 온도는 실로 엄청나서 100억 도나 그 이상이었을 것으로 추정하고 있다. 이 온도에서는 가벼운 화학원소들이 기존의 소립자들로부터 형성될 수 있고, 모든 파장의 복사선이 엄청난 규모로 방출된다.

그러나 우주의 팽창이 계속됨에 따라 복사선의 온도가 빠르게 떨어진다. 알퍼와 허먼은 현재 우주에 5K의 온도로 냉각된 복사선이 여전히 남아 있을 것이라는 예측을 하였다. 그러나 당시에는 어느 누구도 그 복사선을 관측할 수 있으리라고 생각하지 못했다. 이런저런 이유로 이 예측은 잊혀져 버렸다.

펜지아스와 윌슨은 그들의 인내심과 비범한 실험 기술로 이 발견을 가능하게 했다. 그 이후 우주천문학이 실험과 관찰로 규명되는 과학의 영역이 되었다.

17

약력과 전자기력의 통합이론

(1979년 물리학)

▌셸던 글래쇼우(1932~   )

▌압두스 살람(1926~1996)

▌스티븐 와인버그(1933~   )

　물리학에서는 종종 중요한 진전은 겉으로 보기에는 연결되지 않은 듯이 보이는 현상들이 동일한 원인으로 나타난 결과라는 것을 증명하면서 이루어진다. 뉴턴이 중력을 도입해 사과의 낙하와 지구를 둘러싼 달의 운동을 설명한 것이 이러한 통합의 고전적인 예이다. 전기와 자기는 동일한 힘의 두 가지 측면이라는, 즉 전자기력에서 비롯된 것임이 19세기에 발견되었다. 전자기력은 전자가 주연을 맡고 빛의 양자인 광양자가 빠른 전령 역할을 해 기술로써 우리의 일상생활을 지배하고 있다. 즉 전자기술과 전자공학뿐만 아니라 원자 및 분자 물리학 그리고 화학과 생물학의 모든 과정이 전자기력에 의해 지배된다.

사람들이 20세기 초 10년 동안 원자핵에 대해 연구를 시작했을 때 두 가지 새로운 힘이 발견되었다. 강한 핵력과 약한 핵력이 바로 그것이다. 중력과 전자기력과 달리 이 힘들은 원자핵의 직경 또는 그 이하의 거리에서만 작용한다. 강한 핵력은 원자핵이 뭉쳐 있게 유지하는 힘인 반면 약한 핵력은 원자핵의 베타붕괴를 일으키는 힘이다. 약한 상호작용에 전자가 참여하기는 하지만 주요 역할은 뉴트리노가 수행한다.

뉴트리노는 약력으로 상호작용을 한다. 시에 묘사된 뉴트리노는 태양의 중심부에서 만들어져 지구에 도달하는데 지구를 관통한다. 지구의 생명체에 필요한 태양에너지는 태양의 중심부에서 수소를 태워 헬륨을 만드는 일련의 연쇄 핵반응으로 만들어진다. 태양에 있는 핵융합 반응기는 잘 보호되어 있고 사람들이 많이 사는 지역에서 충분히 멀리 떨어져 있어 위험하지 않다. 또한 청정에너지의 옹호자들 또한 그 청정에너지의 근원을 따져 보면 그들이 그토록 싫어하는 핵반응에서 나왔다는 것을 인정해야 한다. 수소를 태워 중수소를 만드는 연쇄반응을 점화하고 조절하는 것은 약력에 기초하고 있으며, 따라서 약력은 태양점화기 또는 태양 조련사라 부를 수 있다.

1979년 노벨 물리학상을 수상하게 된 이론은 1960년대에 오늘의 수상자들이 독립적으로 연구하여 발전시킨 것으로, 약력과 전자기력 사이의 밀접한 관계를 보여 줌으로써 약력에 대한 우리의 이해를 확장하고 더욱 깊이 있게 해 주었다. 이 두 가지 힘은 통일된 전자기 약력의 다른 두 측면이다. 또한 이 이론은 전자와 뉴트리노는 동일한 입자 족에 소속되어 있다는 것을 보여 주었다. 즉 뉴트리노는 전자의 동생뻘이라 할 수 있다. 통합이론의 다른 결과는 새로운 종류의 약한 상호작용이 있어야 한다.

이전부터 약한 상호작용은 전자가 뉴트리노 혹은 그 반대로 개별 입자의 성질이 변환될 때에만 일어난다고 생각되었다. 이런 과정은 전하의 흐름에 따라 일어난다고 보고 있는데 그 이유는 입자의 전하가 변하기 때문이다. 이 이론은 중성의 흐름 즉 뉴트리노 또는 전자가 자신의 정체성을 변화시키지 않으면서 일어나는 현상도 있어야 한다는 사실을 내포하고 있다. 1970년대의 실험은 이론의 예측을 완전히 확인해 주었다.

새로운 이론의 중요성은 무엇보다도 과학 그 자체에 있다. 이 이론은 강한 핵력을 기술하는 데 새로운 유형을 만들었고 기본입자 사이의 상호작용을 추가적으로 통합하려는 연구를 시작하게 했다.

18

별의 구조와 진화, 우주에서 화학적 원소의 형성

(1983년 물리학)

▌ 수브라마니안 찬드라세카(1910~1995)
▌ 윌리엄 파울러(1911~1995)

별들은 성간물질에서 탄생하는 순간부터 최후를 맞이하는 순간까지 매우 흥미로운 물리적인 과정을 보여준다. 별은 은하에 있는 가스와 먼지 구름에서 만들어진다. 중력의 영향을 받아 이 성간물질은 응축되고 압축되어 별을 형성한다. 압축 과정에서 에너지가 만들어져 새롭게 형성된 별의 온도가 올라간다. 이 온도는 계속 높아져 별 내부에서 핵반응이 일어날 정도까지 가열된다. 별을 이루는 주요 구성 요소인 수소가 소모되면서 헬륨이 만들어진다. 헬륨을 만드는 과정에서 방출된 에너지는 별의 온도를 높이고 그 결과 별 내부의 압력이 높아져 중력에 의한 추가적인 압축이 일어나지 않고 별은 안정화되어 수백만 년에서 수억 년 동안 존재하게 된다.

별 내부에서 수소를 모두 소모해 더 이상 공급이 이루어지지 않으면 다른 형태의 핵반응이 시작된다. 새로운 핵반응은 질량이 더욱 큰 별들에서 일어나는데 그 결과 헬륨보다 더 무거운 물질들이 만들어진다. 특히 효율적인 유형의 핵반응은 중성자를 계속해서 추가하는 반응이다. 최종적으로 별은 대부분이 철 또는 주기율표에서 철과 인접한 무거운 원소를 만들어 내고 핵반응에 필요한 연료는 고갈된다. 별이 이 단계까지 진화하면 별 자신의 중력을 이겨낼 압력이 존재하지 않아 붕괴된다.

별이 붕괴 후 형성되는 것들은 질량에 따라 달라진다. 질량이 태양과 거의 비슷한 가벼운 별들이 붕괴하면 백색왜성이 된다. 이런 이름이 붙게 된 이유는 크기가 줄어들었기 때문이고 밀도는 1세제곱센티미터당 10톤 정도이다. 이 붕괴의 결과 원자에 있는 전자의 껍질 구조가 뭉개지고 그 결과 별을 구성하는 원자핵들은 전자구름에 둘러싸인 형태가 된다.

좀 더 무거운 별들은 붕괴되면서 폭발한다. 눈으로 보이는 결과는 초신성이다. 초신성 폭발 후에는 수명이 짧지만 맹렬한 중성자의 흐름을 만들어 가장 무거운 원소들을 형성하도록 해준다. 이런 무거운 별들에서는 이후 또 다른 현상이 일어난다. 원자핵과 전자가 결합해 중성자를 형성하는 중성자별이 만들어지는데, 중성자별의 밀도는 1세제곱센티미터당 1억 톤이다. 태양의 질량과 같거나 2배 무거운 별이 중성자별이 될 경우 반경이 겨우 10킬로미터 밖에 되지 않는다. 중성자별은 강철보다 훨씬 더 단단한 고체 지각에 둘러싸인 유체와 같은 중성자의 구이다. 더욱 무거운 별이 붕괴되면 더욱 더 기이한 천체인 블랙홀이 만들어진다. 이 별에서는 중력이 매우 강해 모든 물질은 블랙홀로 빨려 들어가 물질의 특성을 잃어버리고 수학에서 이야기하는 점과 같은 무한히 작은 부피로 압축된다. 심지어 블랙홀에서는 방출된 빛조차도 블랙홀 바깥으로 탈출할 수 없다.

블랙홀이라는 이름은 이런 현상을 따서 붙여졌다. 블랙홀의 존재는 블랙홀로 빨려 들어가는 물질이 블랙홀에 의해 사라지기 전에 온도가 크게 올라가는데 온도가 올라가면서 복사된 빛을 통해 발견할 수 있다. 퀘이사라고 불리는 이상한 천체는 은하계 중심에 있는 블랙홀일지도 모른다.

별들의 진화 과정에서 중요하고 많은 물리학적 과정을 거친다는 것은 명백하다. 많은 과학자들은 별의 진화 과정에서 나타난 물리학적 문제들을 연구하였다. 그중에서도 특히 수브라마니안 찬드라세카와 윌리엄 파울러는 별의 진화에 많은 공헌을 하였다.

찬드라세카의 연구는 특히 별의 진화에 관한 여러 측면을 포함한다. 그의 연구에서 중요한 부분은 진화의 각 단계에서 별의 안정성 문제에 관한 연구이다. 또한 별의 상대론적 효과를 연구하였는데 이것은 별의 발달 단계에서 후기에 나타나는 극단적인 조건에서 중요한 역할을 하는 효과이다. 찬드라세카의 가장 잘 알려진 공헌은 백색왜성의 구조에 관한 연구이다. 비록 이 연구의 일부는 그의 초기 연구에서 얻어진 것이지만 천문학과 우주에 대한 연구가 발전하면서 중요성이 다시 부각되고 있는 분야이다.

파울러는 별의 진화에서 일어나는 핵반응을 다루었다. 핵반응에서 방출되는 에너지 말고도 핵반응을 통해 가장 가벼운 원소인 소소에서 여러 종류의 화학원소가 만들어진다는 점에서 핵반응은 매우 중요하다. 파울러는 천체물리학적 관점에서 핵반응에 대한 많은 흥미로운 실험 연구와 함께 이론적인 관점에서 깊이 있는 연구를 수행했다. 1950년대에 많은 공동 연구자들과 함께 파울러는 우주에서 화학적 원소의 형성에 대한 완전한 이론을 개발했다. 이 이론은 원소의 형성에 대한 지식의 기초가 되고 있으며 핵물리학과 우주 연구에 대한 최근의 발견은 파울러의 이론이 맞는다는 것을 보여 주었다.

19

세라믹 물질에서 초전도성의 발견

(1987년 물리학상)

▎요하네스 베드노르츠(1950~   )

▎칼 뮐러(1927~   )

움직이는 물체는 마찰의 형태로 저항을 느끼게 된다. 전류는 전도체에 많은 수의 전자가 움직이는 것이라 생각할 수 있다. 전자는 원자들 사이에서 서로 떠밀고 떠밀리는 상황에 있다. 이 상황에서 전자는 저항을 느끼지 않으면서 이동할 수는 없다. 그로 인해 에너지의 일부는 열로 바뀐다.

네덜란드의 카메를링 오네스는 1911년 고체 수은에서 전기 저항이 완전히 영이 되는 현상을 발견했다. 이를 초전도현상이라 한다. 초전도현상은 매우 낮은 온도에서 관찰되었다. 수은의 경우 절대온도 4도 즉, 섭씨 영하 269도에서 발견되었다. 다소 더 높은 온도에서의 초전도성은 다른 합금들에서 발견되었다. 그러나 1970년대까지는 초전도성은 절대온도 23도 정도에서 더 이상 발견되지 않았다. 절대온도 23도와 같은 낮은 온도에 도달하기 위해서는 많은 비용과 노력이 필요하다. 에너지 손실 없이 전기를 수송할 수 있는 것이 실현 불가능할 것처럼 인식되어 왔다.

베드노르츠와 뮐러는 초전도성을 합금이 아닌 다른 물질에서 찾고자 하는 연구를 시작하였다. 그들은 란타늄-바륨-구리 산화물로 이루어진 세라믹 물질에서 저항이 0으로 갑자기 떨어지는 현상을 발견하였다. 경계온도는 이전에 존재하던 어떤 물질보다 약 50퍼센트 이상 높았다. 초전도성의 확실한 표지라 할 수 있는 자기력선을 밀어내는 현상도 발견되었다.

이후 높은 온도에서 초전도성을 나타내는 새로운 세라믹 물질들이 연이어 합성되었으며, 초전도성을 얻기 위해 온도를 낮추는 일은 상대적으로 간단한 일이 되었다.

20

헬륨-3의 초유동성 발견

(1996년 물리학)

▌ 데이비드 리(1931~　)
▌ 더글라스 오셔로프(1945~　)
▌ 로버트 리차드슨(1937~　)

우리가 숨 쉬는 공기엔 산소와 질소만 있는 것이 아니다. 적은 양의 다른 가스도 포함되어 있는데, 그중에는 지구의 온실 효과와 관련하여 자주 언급되는 이산화탄소가 있다. 그 외에 대기의 100만 분의 5만 차지할 정도로 작은 양은 아니지만 불활성 가스인 헬륨도 포함되어 있다.

이 원소는 두 가지의 동위원소로 존재하는데, 무거운 것은 헬륨-4이고 가벼운 것은 헬륨-3이다. 무거운 동위원소가 헬륨의 대부분을 차지하고 있고, 가벼운 헬륨-3은 얼마 되지도 않는 전체 헬륨 양의 100만 분의 1 정도에 불과하다.

데이비드 리, 더글라스 오셔로프, 로버트 리차드슨은 수 세제곱센티미터의 헬륨-3을 사용한 실험으로 노벨상을 받았다. 그들은 압력, 온도와 부피를 변화시키면서 그들 사이의 관계를 주의 깊게 관찰하였다.

그 결과 그래프에서 그들은 절대온도 1,000분의 1도 정도에 해당되는 두 개의 작은 돌기를 발견했다. 대부분의 과학자들은 이런 정도의 변화를 측정 장비의 사소한 문제로 치부한 채 어깨를 으쓱해 버리고 말았을 것이다.

그러나 이 세 명의 과학자는 그렇지 않았다. 새로운 자성상태가 이런 식으로 드러난 것은 아닐까? 이 과학자들이 실제로 찾고 있던 것은 고체 헬륨-3의 자성이었다. 처음에는 이것이 그들이 찾고 있던 자성이라고 믿었다. 그러나 측정 결과는 기대했던 것과 완벽하게 일치하지 않았다. 병원에서 사용되는 자기공명영상 시스템과 동일한 방법으로 분석한 결과 리와 오셔로프, 그리고 리차드슨은 이 현상이 고체상태의 헬륨-3가 아닌 액체상태의 헬륨-3에서 일어나는 현상임을 밝힐 수 있었다.

말하자면 그들은 두 개의 새로운 초유체 상태로 존재하는 액체헬륨-3을 발견한 것이다. 이 연구팀은 결국 3개의 초유체상을 발견했는데, 기초 연구에서 흔히 그렇듯 그들도 원래 계획했던 것과는 전혀 다른 어떤 것을 발견한 것이다.

이전까지 헬륨-4에서만 나타나던 초유체는 대단히 특이한 거동을 보인다. 초유체는 여러 형태로 발현되는데, 점도가 전혀 없어서 도자기의 미세한 구멍을 통해서도 새어 나온다. 때문에 유약을 칠하지 않은 도자기 그릇에는 보관할 수가 없다. 빈 비커를 초유체에 반쯤 담그면 초유체는 비커의 벽을 따라 올라가 비커 속으로 넘어 들어간다.

초유체 현상을 근본적인 원자 수준에서 기술할 때 우리는 원자들이 보즈-아인슈타인 응축을 한다고 말한다. 그 말은 모든 원자들이 동일한 양자상태를 가진다는 것인데, 이러한 응축은 보존이라고 부르는 입자들에서만 가능하다. 한편 페르미온이라고 부르는 입자들은 이러한 응축을 일으킬 수 없다.

그러나 놀랍게도 헬륨-3 원자는 페르미온이다. 즉 보즈-아인슈타인 응축이 일어나 초유체가 되는 것이 불가능한 원자가 초유체 상태로 존재한다는 것이다. 그 설명의 실마리는 원자들이 짝을 지어서 궤도를 이루어 돌면서 그 짝이 보존처럼 거동한다는데 있었다. 이런 식으로 헬륨-3도 보즈-아인슈타인 응축을 할 수 있으며, 따라서 초유체 상태로 존재할 수 있었던 것이다.

리, 오셔로프, 리처드슨의 발견은 전 세계 저온 연구실의 연구를 활성화시켰다. 액체헬륨-3에서 일어나는 초유체로의 상전이 현상은 미시세계의 양자법칙이 물질의 거시적 거동을 지배하는 경우가 있음을 보여 주는 것이다. 이 현상은 극저온에서의 온도를 정의하기 위해서도 사용되고 있으며, 고온 초전도체를 이해하는 데에도 기여하였다.

21

비-아벨 게이지 장론에 대한 연구

(1999년 물리학)

■ 헤라르뒤스 토프트(1946~   )
■ 마르튀뉘스 펠트만(1931~   )

전자기력은 빛의 입자인 광양자에 의해 나타나는 상호작용이다. 약한 상호작용은W+. W-, Z, 세 가지 입자에 의해 매개된다. 광양자와 W, Z 입자는 공통의 기원을 가지고 있음이 밝혀졌고, 전자기력과 약력은 통합되어 이후 약전자기 상호작용으로 불려지게 되었다.

하지만 약력에서는 무한대의 확률이나 무한대의 양자 보정의 결과가 나타났는데, 이를 해결하려 노력한 사람이 마르튀뉘스 펠트만이다. 그의 핵심적인 연구방향은 대칭성의 개념이었다. 그는 '비-아벨 게이지 이론' 또는 '양-밀스 이론'의 체계 속에서 약한 상호작용을 연구하였다. 토프트는 펠트만의 박사과정 학생으로 들어와 그와 함께 이 분야를 연구하였다. 우선 약한 상호작용에 대한 이론은 무한대가 나타나지 않고 계산이 가능하도록 수정되어야 했다. 수정된 이론은 존재하지 않는 입자를 도입해야 했다.

또한, 그들은 아인슈타인이 가르쳐 준 4차원 시공간보다 약간 다른 방법을 사용했다. 차원의 수가 4보다 아주 약간 작은 3.99999처럼 계산하였던 것이다. 이러한 접근 방식은 효과적으로 작용되어 무한대의 문제가 해결되었다.

그들의 연구는 1970년대에 이루어졌지만, 이것을 이해하기에는 시간이 상당이 걸렸다. 제네바 외곽의 유럽 입자물리 연구소(CERN)에 있는 대형 전자-양전자 가속기(LEP)에서 얻어지는 결과들을 기다려야 했다. 1995년 드디어 여섯 번째 쿼크인 탑 쿼크가 존재해야 한다는 것을 이 가속기에서의 실험을 통해 알 수 이께 되었고 탑쿼크의 질량을 결정함으로써 그들의 이론이 옳다는 것이 증명되었다.

22

강력이론에서 점근적 자유성의 발견

(2004년 물리학)

▌데이비드 그로스(1941~   )

▌데이비드 폴리처(1949~   )

▌프랭크 윌첵(1951~   )

아이작 뉴턴은 사과가 떨어지는 것을 보고 중력이 어떻게 작용하는지를 이해하여 중력의 법칙을 만들 수 있었다. 그는 이 법칙을 이용해서 지구 주위를 도는 달의 궤도를 설명하였다. 그는 두 물체 사이의 힘이 거리가 멀어짐에 따라 어떻게 감소하는지를 보여 주었다. 전하를 띤 두 물체 사이의 전기력도 중력과 비슷하게 거리가 멀어지면 감소한다는 사실이 밝혀졌다.

알버트 아인슈타인은 빛이 광양자라고 불리는 덩어리들로 표현될 수 있으며, 이 광양자들이 전하를 띤 물체들 사이를 오가면서 두 물체 사이의 전자기 힘을 매개한다는 것을 알아냈다. 그것은 마치 축구공이 골키퍼를 뚫고 들어가거나 폭탄이 요새의 탑을 무너뜨리는 것과 같다.

왜 힘은 거리가 멀어지면 약해지는 것일까? 포탄의 경우라면 공기의 저항을 받기 때문이라고 이해할 수 있지만, 광양자의 운동이 매개하는 힘은 진공 속에서도 감소한다. 그 이유는 양자역학에 의하면, 광양자의 빔은 동시에 하나의 파동이기 때문이다. 즉 소소로부터 멀어질수록 그 파동의 작은 부분만이 우리들에게 도달되기 때문이다. 1883년의 크라카토아 폭발 때 발생한 파도가 수마트라 해안을 덮쳤을 때는 그 피해가 어머어마했지만, 아프리카 해안에 도달했을 때는 물의 출렁거림 정도에 불과했던 것과 같다. 중력도 전자기력과 마찬가지로 이해할 수 있다.

물리학자들은 자연에 존재하는 근본적인 힘과 함께 자연을 구성하는 근본적인 구성 요소들을 이해하려고 한다. 우리는 물질을 원자로, 원자를 다시 전자와 핵으로, 핵을 또 중성자와 양성자로 계속 나누어 왔다. 그러자 핵 속에 다른 종류의 힘이 동시에 작용하고 있음이 명백해졌다. 하나는 방사능 붕괴와 관련된 약력이며, 다른 하나는 양성자들 사이의 강력한 반발력에도 불구하고 이들을 핵 속에 붙들고 있는 '강력'이다. 이러한 힘들은 불가사의하게도 핵 크기 정도의 매우 짧은 거리에서만 작용한다. 이러한 근본적인 힘들과 자연의 근본적인 구성요소들을 이해하는 것이 지난 50년 동안 입자물리학의 숙제였다.

이를 해결하기 위한 선행 발견 중 하나는 양성자와 중성자가 쿼크라고 부르는 좀 더 근본적인 입자들로 형성되어 있다는 것이다. 쿼크들은 다른 종류의 전하를 가진 다양한 입자들이어서 당연히 전자들처럼 운동할 것이라고 생각되었다. 그러나 전자들과는 독립적으로 존재하는 독립쿼크는 전혀 관찰되지 않았다. 이상하게도 쿼크들이 서로 멀어질수록 그들 사이의 힘이 증가하는 것처럼 나타났다. 반대로 두 쿼크가 매우 가까워지면 전혀 서로를 느끼지 못한다는 증거들이 나타났다. 이러한 거동을 '점근적 자유성'이라고 한다. 어떤 이론이 이러한 쿼크의 거동을 설명할 수 있을까? 쿼크간의 이러한 거동은 전자기력을 성공적으로 기술해 낸 기존의 이론으로는 설명이 불가능함으로써, 1970년대의 입자물리학은 커다란 딜레마에 빠져들었다. 어떠한 모델이나 계산 결과도 실험 결과와 상반되는 거동을 예측할 뿐이었다. 마침내 문제는 하나의 질문으로 귀착되었다. 어떤 이론이 적당한 곳에 음의 기호를 넣을 수 있을까? 시험대에 오른 이론들은 잘못된 양의 값들을 내놓을 뿐이었다.

1973년 데이비드 그로스와 프랭크 윌첵 그리고 데이비드 폴리처는 새로운 종류의 이론적 접근을 시도하였다. 결과는 −11/3이라는 수치를 내놓았는데, 그것은 이 이론이 점근적 자유성을 기술하고 있음을 의미하는 것이었다. 전 세계는 물론 그들 자신에게도 놀라운 결과였다. 이처럼 네거티브한 결과가 포지티브한 효과를 갖는 경우는 매우 드물다. 곧이어 쿼크 간의 강력에 관한 이론이 완성되었으며 실험과의 상세한 비교가 이루어졌다. 그리고 이후 대형가속기에서 수행된 실험들을 통해 그들의 이론이 대단히 정확하다는 것이 검증되었다.

그로스, 윌첵, 폴리처의 이론은 물질을 구성하는 근본 구성 요소인 쿼크의 물리적 거동을 성공적으로 기술하였다. 또한 그 이후의 연구를 통해서 그들의 이론이 유일무이하다는 것이 밝혀졌다. 어떤 다른 이론도 실험 결과를 제대로 설명하지 못했는데 이렇게 발견된 단 하나의 이론만을 자연이 선택한다는 것은 참으로 놀라운 일이다.

23

우주배경복사의 방향성에 대한 연구

(2006년 물리학)

▌ 존 매더(1946~)

▌ 조지 스무트(1945~)

천문학자들은 지구 표면에 설치된 망원경을 사용해 우주를 탐구한다. 이들 장비들로 수억 광년 떨어진 별과 은하를 관측할 수 있다. 2006년 노벨 물리학상은 이와 또 다른 형태의 천문학에 수여되었다. 이 천문학은 코비(COBE) 위성에 설치된 장치를 사용하여 우주 생성의 가장 초기 단계인 130억 년 전에 우리에게 보내진 빛을 관찰하는 것이다.

그때는 우주의 특성이 변하기 시작한 시점이었다. 그 이전의 우주는 매우 밀도가 높고 뜨거운 전자와 양자 그리고 광선이 혼재된 죽과 같은 상태였다. 온도가 매우 높고 밀도가 높아서 광선마저도 마치 안개에 빛이 차단된 것처럼 그 죽 속에 갇힌 상태였다. 그러나 우주가 팽창하면서 온도와 밀도가 감소하고 동시에 광선의 에너지도 감소했다. 즉 광선의 파장이 증가했다. 이전에는 죽 속에 갇혀 있던 광선의 안개가 걷히듯 방출되었으며 온도는 3,000도까지 감소하였다. 당시의 우주의 나이는 38만 년으로 측정되었다. 방출된 광선은 우주를 통한 긴 여행을 계속하고 있다.

광선이 130억 년 동안 여행을 하는 동안 우주는 크게 팽창하여 광선의 파장은 1,000배나 길어지고 온도는 3,000도에서 절대온도 3도로 낮아졌다. 현재는 이 차가운 배경복사가 우주를 채우고 있다. 이 배경복사는 우주 초기의 무대에서 불려진 노래이지만 우리 눈에는 보이지 않는다. 그 파동은 파장이 수 밀리미터인 마이크로파 영역에서 관찰되는데, 코비 위성에서 관찰한 광선이 바로 이것이다.

존 매더는 코비 위성에 실린 장치의 책임자로서 배경복사의 온도를 매우 정확하게 측정할 수 있었으며, 이 스펙트럼이 초기 우주의 뜨겁고 균일한 상태를 나타내는 흑체의 형태를 가지고 있음을 확인하였다.

조지 스무트는 여러 방향에서 배경복사의 극히 작은 온도 변화 (1/100,000)를 감지할 수 있는 장치를 책임지고 있었다. 이런 온도 변화로부터 초기의 뜨겁고 균일한 죽 속에서 현재의 별과 은하의 모습을 간직한 우주 구조의 씨앗을 찾을 수 있었다. 수년 동안의 자료를 분석한 결과 그런 작은 차이가 실제로 존재한다는 것을 볼 수 있었다. 우주의 생성 단계를 이해하는 첫걸음을 내디딘 것이었다.

24

중력파의 발견

(2017년 물리학)

▎킵 손(1940~   )
▎라이너 바이스(1932~   )
▎베리 바뉘시(1936~   )

1915년 아인슈타인의 일반상대성이론이 나온 후 중력파의 존재에 대해 예측하였으나 중력파와 물질과의 상호작용이 너무나 약해 아인슈타인 자신도 실험적 관측하기에는 너무나 어려울 것이라고 생각하였다. 그로부터 100년 후 2015년 드디어 중력파를 관측하게 되었다.

중력파란 크기가 너무 작아 그 신호를 직접 검출하는 것은 쉽지 않다. 중력파는 질량이 큰 별들에 의한 급격한 중력의 변화가 파동의 형태로 시공간을 거쳐 전파 되어 나간다. 별들의 질량이 크면 클수록 더 강한 세기의 중력파를 만든다. 잘 알려진 중력파의 발생원은 쌍성계이다. 공전하는 별 사이의 거리와 회전 주기에 따라 발생하는 중력파의 주파수가 달라진다. 그 세기는 별까지의 거리와 질량에 의존한다.

다양한 중력파원을 발생하는 천체를 관측하는 것은 하나의 중력파로는 불가능하며, 발생하는 중력파의 주파수와 세기가 제 각각 다르기 때문에 중력파 검출기에 최적화된 천체를 대상으로 하는 중력파원을 목표로 관측한다.

중력파의 검측은 실험적으로는 시작된 지 60년 만에 결과를 얻게 되었고 이 발견은 지난 100여 년의 과학사에 있어 가장 중요한 발견이라고 할 수 있다. 이에 중력파에 대한 논의가 시작되었던 때부터 실험적인 발견이 완성되기에 있어 수많은 과학자들의 노력과 땀으로 이루어졌기에 그 과정을 간략하게나마 살펴보는 것은 의미가 있을 것이다.

1905년 7월 프랑스의 과학자 앙리 푸앵카레는 중력은 공간을 통해 파동의 형태로 진행한다는 논문을 발표하였고 그는 이 파동의 이름을 "중력파"라 이름 지었고 이것이 중력파의 역사의 시작이라고 할 수 있다. 알버트 아인슈타인은 1905년 특수상대성이론을 발표한 이후 10여 년에 걸쳐 이 이론을 더 확장시켜 1915년 일반상대성이론을 완성하게 된다. 일반상대성이론은 중력의 대한 이론이지만 뉴턴의 그것과는 커다란 차이가 있다. 뉴턴의 중력 이론은 물질과 물질의 상호작용이라고 설명하지만 아인슈타인은 중력은 시공간의 곡률이며 이 곡률은 공간에 존재하는 물질에 의해 결정된다고 주장하였다.

아인슈타인은 일반상대론을 완성한 후 푸앵카레가 주장한 바와 마찬가지로 중력파의 존재가 가능할 것이라고 추측하였다. 그는 가속된 전하에 의해 만들어지는 전자기파처럼 중력파도 가능할 것이라고 생각하였다. 그 후 아인슈타인은 그의 학생이었던 네이단 로젠, 레오폴드 인펠트와 함께 중력파의 수학적인 해를 찾으려 노력했고 많은 우여곡절을 겪은 후 1936년 중력파의 존재를 확신하게 된다.

중력파가 이론적으로 존재 가능하다는 것이 알려지면서 실험적으로 그 존재를 증명할 필요성이 요구되었다. 중력파를 실험적으로 관측하는 데 있어서는 많은 어려움이 있었다. 가장 문제가 된 것은 실험적으로 측정 가능한 양을 계산할 수 있는 관측자가 어느 좌표계에서 있어야 하느냐 하는 것이다. 사실 물리학에서는 좌표계는 계산상 편리함으로 인해 선택된다. 실질적으로 관측자는 물체의 운동과 물체 자체의 시간과 상관없이 자신이 존재하고 있는 좌표계를 선택한다. 이러한 문제를 보정하기 위해 1956년 펠릭스 피라니는 "리만 텐서에 있어서 물리적 중요성"이라는 논문을 발표하게 된다. 이 논문은 중력파에 적용할 수 있는 물리적 관측 가능한 양에 대한 수학적 형식을 만드는 것에 대한 내용으로서 상당히 중요하다. 그는 이 논문에서 중력파는 공간을 통해 진행해 가면서 입자들을 앞과 뒤로 움직이게 한다고 논하였다.

그러는 사이 중력파의 논의에서 또 하나의 쟁점은 중력파가 에너지를 운반할 수 있는지에 관한 것이었다. 일반상대론에 있어 시간은 좌표의 일부이고 그것은 위치와 관계하고 있다. 이는 에너지는 시간과 대칭성이 있다는 보존 원리와 상충하므로 에너지가 보존되지 않을 것으로 생각되지만 휘어진 시공간은 국소적으로는 편평하므로 에너지는 국소적으로 보아서는 보존된다고 생각하였다. 이 논의는 1950년대 중반까지 이어졌다. 이는 리차드 파인만에 의해 중력파는 에너지를 운반하는 것으로 결론지어졌다.

1957년 미국 노스 캘로라이나의 차팰힐에는 중력파의 실험적 증명을 위해 이 분야의 전문가들의 모임이 있었다. 이 모임은 실질적인 중력파 검증의 시작이라 할 수 있어 의미가 있다. 이 모임에서 참석했던 요셉 웨버는 중력파의 실험적 관측에 대해 큰 관심을 갖고 이를 위해 어떤 실험적 기구들이 필요하며 어떻게 중력파를 실험적으로 증명해 낼지 연구에 몰입하게 된다. 1960년 그는 중력파의 실험적 관측에 관한 실질적인 논문을 발표하였다. 그는 이 논문에서 기계적인 장치에 유도된 진동을 측정하는 방법으로 중력파를 실험적으로 관측할 수 있을 것이라고 주장하였다. 그는 여기서 큰 금속의 원통형 바를 만들고 중력파에 의해 만들어지는 공명적 진동을 관측할 수 있을 것이라고 생각하였다. 그의 제안에 따라 1966년 원통형 바가 실질적으로 완성되었고 본격적인 중력파의 실험적 관측에 들어가는 계기가 마련되었다. 그는 많은 노력으로 1969년 중력파의 검출에 성공했다는 논문을 발표하였으나 다른 과학자들의 검증에 의해 실험에 문제 있음이 밝혀져 실질적인 중력파 관측으로 인정받지 못하였다.

그의 실패에도 불구하고 1970년대에 이르러 중력파의 실험적 관측에 대한 가능성이 열려 여러 대학과 연구기관에서 웨버의 실험을 개선하려는 많은 노력이 시작되었다. 실험적 개선을 위한 노력 중 가장 중요한 것은 간섭계로 인한 관측일 것이다. 레이저 간섭계를 이용한 중력파 검출에 대한 제안과 연구는 1960년대 시작되었다. 그 시도를 처음 한 것은 러시아 과학자 게르텐슈타인과 푸스토보이트였다. 그들은 마이컬슨의 간섭계의 구조가 중력파에 민감하게 작동하는 대칭성을 가지고 있다고 생각했다. 레이저를 이용하면 양쪽 팔의 길이가 10미터의 간섭계를 가지고 의 경로 차이를 측정할 수 있을 것으로 전망했다.

그 후 간섭계를 이용한 중력파 검출에 있어 중요한 공헌을 한 와이스는 중력파 검출의 실현을 위해 수 킬로미터의 팔을 가진 간섭계가 가져야 할 최적의 조건, 민감도, 이들을 나타내는 각종 잡음 원들의 분석을 수행했다. 와이스는 1972년 한 보고서에서 구체적으로 간섭계가 가지는 잡음 원들의 분석과 그 성능의 한계에 대해 논의하였다. 그는 중력파를 실제적으로 검출할 수 있는 3000억 원에 이르는 대규모 프로젝트를 생각하였으나 실현시키지는 못했다. 간섭계를 이용한 실험은 단색광 즉 동일한 파장을 지닌 빛을 레이저로 방출시켜 스플리터의 표면에 닿게 하고 이 스플리터는 일부는 반사시키고 일부는 통과시켜 통과된 빛과 반사된 빛이 각각 거울에 닿은 후 반사되어 간섭을 일으킨 후 검출 장치에 기록되는 장치이다. 실험 처음에는 두 개의 거울이 스플리터와 같은 거리에 위치시킨 후 나중에 거리를 약간 조정하면 간섭된 빛의 세기에 변화가 생기고 이를 관측한다. 중력파가 이 간섭계를 통과하면 스플리터와 거울의 거리 조정에 의해 중력파가 있을 때와 없을 때의 빛의 세기에 차이가 생기게 되며 이는 중력파의 존재를 실험적으로 증명할 수 있도록 만드는 것이다.

이 장치는 중력파 검증에 있어 획기적인 아이디어가 되어 여러 연구기관에서 실행하였다. 일반적인 중력파의 진동수가 100Hz라면 간섭계의 길이는 약 750km가 돼야 하므로 아주 먼 거리를 두고 장비를 설치하여야 한다. 이 간섭계를 이용한 실험 장치는 웨버의 학생이었던 로버트 포워드에 의해 처음으로 설치되었다. 하지만 그 기기는 너무 작아 검출기로서 중력파를 발견할 수 있는 것은 아니었다.

1975년 실험 물리학자였던 레이 와이스와 중력에 대한 이론 물리학자인 킵 손은 중력파에 대해 공동으로 관심이 있어 같이 협력하기로 하고 중력파에 대해 이미 경험이 많은 전문가인 로날드 드레버를 같은 팀으로 참여시킨다. 그들은 칼텍과 MIT에 중력파 레이저 간섭계를 설치하고 운영하며 계속 발전시키고 보완시켜 나간다. 그러던 중 1983년 그들은 미국 과학 재단으로부터 1억 달러에 이르는 연구비를 책정받아 반경이 수 km에 이르는 레이저 중력 검출 장치를 만들기에 이른다. 이 프로젝트가 바로 "Caltech-MIT"라 불리는 LIGO(Laser Interferometer Gravitational wave Observatory" 프로젝트이다.

이 프로젝트는 앞의 세 사람 킵 손, 레이 와이스 그리고 로날드 드레버가 이끌었다. 허지만 와이스와 드레버의 의견이 많이 충돌했고 이견이 많아 나중에 보그크가 프로젝트의 단일 책임자로 고용되어 이 프로젝트를 지휘하게 되면서 1988년 본격적인 연구에 돌입하게 되었다. 연구하는 중간에 많은 우여곡절이 있었고 보그트가 사의를 표하고 드레버가 연구진에서 탈퇴하는 등 어려움이 많았지만 이런 커다란 프로젝트에 많은 경험이 있는 고에너지 입자 실험물리학자인 배리 바니쉬가 프로젝트의 책임을 맡게 되면서 LIGO 프로젝트는 본격적인 궤도에 올라 하나의 관측소를 워싱턴주 핸퍼드시에 하나는 루이지애나 주의 리빙스턴 시에 1997년에 설치를 완성하였다. 워싱턴 주의 핸퍼드와 루이지애나 주의 리빙스턴은 약 3,500km 정도 떨어져 있으며, 이 거리 차는 중력파가 쓸고 지나갈 때 약 100분의 1초의 시간 지연 효과를 만들어낸다. 라이고의 최종 공사비용은

2억 9200만 달러였고, 추후 업그레이드 비용으로 8,000만 달러가 들었다.

실험 장치들과 설비들이 계속 보완되고 발전되면서 2002년부터 본격적인 작동을 시작하게 된다. 2010년까지 8년 동안 실험이 진행되었지만 중력파 검출에 실패하면서 5년 정도 작동을 멈추고 모든 장치를 재점검하면서 업그레이드 작업을 하고 다시 관측에 들어가고 이후 얼마 지나지 않은 2015년 9월 18일 인류 최초로 중력파 관측에 성공하게 된다. 이 중력파는 태양보다 30배 무겁고 지구로부터 13억 광년 떨어진 두 개의 블랙홀끼리 충돌하면서 발생한 중력파였다. 관측 이후 진정한 중력파인지 검증 작업이 이루어졌고 이듬해인 2016년 2월 인류 최초로 중력파가 관측된 것이 증명되었다. 이는 이론적으로만 예견했던 중력파의 존재를 실험적으로 검출한 것이다. 이 중력파는 두 개의 블랙홀로부터 기인한 것으로써 블랙홀의 존재를 증명한 것이기도 하다. 이는 쌍성 블랙홀이 서로 병합하여 하나의 블랙홀로 만들어지는 과정에서 나타나는 중력파의 신호였다. 이로 인해 그 오랫동안의 연구는 성공적으로 마무리될 수 있었다.

25

블랙홀에 대한 연구

(2020년 물리학상)

▌로저 펜로즈(1931~　　　)

▌라인하르트 겐첼(1952~　　　)

▌앤드리아 게즈(1965 ~　　　)

알버트 아인슈타인이 1915년 일반 상대성 이론을 발표하면서 시공간과 중력에 대한 새로운 해석을 내놓았다. 물체가 시공간을 휘어 중력이 생긴다는 아이디어였다. 이 이론은 우주의 구조와 더불어 블랙홀에 대한 연구에 있어 기반이 되었다.

질량이 엄청난 물체는 시공간을 아주 휘게 만들어 나중에 블랙홀이 될 수 있다. 블랙홀을 이론적으로 처음 설명한 사람은 칼 슈바르츠실트이다. 그는 아인슈타인의 상대론이 발표된 지 얼마 되지 않아 무거운 물체가 시공간을 어떻게 휘게 만드는지에 대해 설명을 했다.

이후 블랙홀은 되돌아올 수 없는 지점, 즉 사건 지평선이라는 경계면으로 둘러싸여 있는 것이 밝혀진다.

하지만 이러한 설명은 이론적인 추측에 불과했다. 동그랗고 대칭적인 블랙홀 같은 이상적인 모델을 고려한 것이지 실제로 존재하는 완벽한 것이 아니었다. 이에 로저 펜로즈는 처음으로 결함이 있는 현실적인 블랙홀에 대한 답을 찾게 된다. 그는 블랙홀이 현실적인 상황에서 어떻게 형성되는지 연구하였다. 그의 중요한 아이디어는 포획표면(trapped surface) 이었는데, 이는 모든 선이 표면의 굽음과 상관없이 중심으로 가리키게 된다. 이 개념을 통해 펜로즈는 블랙홀에는 시공간이 끝나며 무한한 밀도를 가진 특이점이 숨어있다는 것을 알아냈다.

블랙홀에 대한 천문학적 관측은 라인하르트 겐첼과 앤드리아 게즈가 선구적이었다. 1930년쯤, 천문학자들은 우리 은하계 중심에서 강한 전파가 나오는 것을 관찰한다. 전파의 근원은 궁수자리였다. 그리고 1960년대 초, 퀘이사의 발견으로 물리학자들은 큰 은하 중심에 초대형 질량의 블랙홀이 있다고 주장하였다. 1960년대 말, 은하의 별들이 이 궁수자리 A를 따라서 도는 것이 분명해졌다. 그리고 90년대에 더 큰 망원경과 장비로 인해 겐첼과 게즈는 우주의 먼 지구름을 넘어 궁수자리 A를 보기 위한 프로젝트를 시작한다.

하지만 아무리 큰 망원경이라도 지구에서 관찰을 하는 것은 한계가 있었다. 대기가 렌즈처럼 빛을 왜곡하기 때문이다. 그럼에도 불구하고 그들은 30년 동안 센서와 광학 기술을 개선하며 이미지 해상도를 천 배 넘게 향상시키는 데 성공한다.

별들의 위치를 훨씬 정확하게 알 수 있게 되면서 그들은 30개 정도의 밝은 별을 추적했다. 또한 그들은 별들이 중심과 가까울수록 특정한 궤도를 따라 훨씬 빠르게 도는 것을 발견했다. 은하 바깥쪽에 있는 태양은 한 바퀴를 도는데 2억 년이 걸리는데 S2라는 별은 16년이 걸린다는 것을 알아냈다. 이로 인해 2008년 은하 중심에 있는 블랙홀이 태양계 크기이며 우리 태양의 약 4백만 배의 질량을 가진 것이라는 사실을 알아냈다.

이러한 공로로 펜로즈, 겐첼, 게즈는 2020년 노벨 물리학상을 수상한다.

26

화학동역학 법칙 및 삼투압의 발견

(1901년 화학상)

▌야코뷔스 반트 호프((1852~1911)

원자론 분야에서 반트 호프는 파스퇴르에 의해 진전된 아이디어를 따라 구성 원자가 공간에서 기하학적으로 배열된 접점을 갖는다는 가설을 세웠다. 이 가설에서 탄소화합물과 관계된 탄소 원자의 비대칭 이론과 입체화학이 창시되었다.

분자론 분야에서 반트 호프의 발견은 훨씬 더 혁신적이었다. 그는 아보가드로 법칙이 삼투압이라고 알려진 물질들의 압력을 기체 압력과 같은 방식으로 고려한다면, 기체 상태의 물질뿐만 아니라 용액 속의 물질에도 적용된다는 것을 밝혔다. 반트 호프는 기체의 압력과 삼투압이 동일한 것이며 따라서 기체 상태에 있는 분자와 용액 상태에 있는 분자 그 자체도 동일하다는 것을 증명하였다.

그 결과 화학에서 분자의 개념이 명확해지고 현재까지 상상할 수 없을 만큼 유용해졌다. 그는 또한 반응에서 화학 평형 상태를 표현하는 방법과 반응을 진행하는 기전력을 표현하는 방법을 개발했다. 반트 호프는 원소의 여러 가지 변화 사이에서, 그리고 수분 함량이 다른 수화물들 사이에서 어떻게 전이가 일어나는지, 또 어떻게 복염이 만들어지는지 등을 설명했다.

역학과 열역학에서 기원한 단순한 원리들을 빌려 적용함으로써 반트 호프는 화학동역학의 창시자 가운데 한 사람이 되었다. 그의 연구는 물리화학의 진보에 매우 중요한 요소가 되었다. 그는 전기화학과 화학반응론에서 위대한 업적을 이루었다. 용액에서 물질의 상태에 관한 연구에 가장 위대한 실질적 결과를 가져왔으며, 화학반응이 대부분 용액 속에서 일어나고 살아 있는 유기체의 생명 작용이 용액 속에서 일어나는 물질대사 과정에 의해 유지된다는 것을 생각해 보면 그의 연구가 얼마나 위대한 것인지를 알 수 있다.

27

전기해리이론

(1903년 화학상)

▌스반테 아우구스트 아레니우스 (1859~1927)

19세기 초 볼타는 최초의 전지를 만들었다. 그렇게 얻은 전류의 화학적 작용을 연구함으로써 영국의 데이비 및 스웨덴의 베르셀리우스와 히싱거는 전기적 현상과 화학적 현상 사이에 인과 관계가 있다는 결론에 도달했다. 이 아이디어에 기초해서 베르셀리우스는 그의 유명한 전기화학 이론을 확립했는데 이 이론은 19세기 중반까지 최고의 자리를 지켰다. 그러나 새로운 발견은 이 이론이 조사 결과와 맞지 않는다는 것을 증명했고, 화학적 현상은 더 이상 전기화학 이론으로 설명할 수 없었다. 비록 친화두의 기원은 전혀 알려지지 않았지만, 물질의 화학적 변화는 어떤 친화도 때문인 것으로 일반적으로 받아들여졌다. 그리고 열화학의 전성기가 왔다. 이때는 화학반응

도중 화학에너지의 변환이 화학과정 중에 일어나는 열 현상 속에 있다고 믿었다.

1880년 경 스반테 아레니우스는 과학 분야에서 박사학위 연구를 하고 있었는데, 용액 속 전류의 이동에 관한 연구 결과, 화학적 현상의 원인에 대한 새로운 해석에 도달했다. 아레니우스는 화학적 현상의 원인을 반응물질의 구성 요소에 들어 있는 전하 때문이라고 설명했다. 그러므로 전기는 그의 화학 이론 속에서 결정적 인자로 소개되었다. 달리 말해서, 비록 많이 수정된 형태이긴 하지만 베르셀리우스 이론의 기본 개념이 부활한 것이다.

베르셀리우스 시대에는 이 개념이 단지 정성적 기초 위에 있었던 반면 아레니우스의 이론은 그것을 정량적으로 결정해서 수학적으로 처리할 수 있게 한 것이다. 박사학위 논문에서 아레니우스는 이 원리로부터 화학적 변화를 지배하는 모든 알려진 법칙들을 추론했다. 그러나 그럼에도 이 새로운 이론은 대부분 학자에게 받아들여지지 않았다. 논박을 하기에는 현존하던 아이디어와 크게 충돌했기 때문이다. 이 이론에 따르면 공통염인 염화나트륨의 경우 물에 용해되었을 때 다양한 정도로 해리한다. 즉 그것은 정반대의 전기로 하전된 구성 요소인 염화이온과 나트륨이온들이 공통염 용액에서 오로지 화학적으로 유효한 물질로 해리된다. 아레니우스 이론은 또한 산과 염기가 서로 반응할 때 물이 주 생성물이고 염은 부산물이라고 주장했는데, 그 시대에는 일반적으로 그 반대라고 믿었다. 때문에 그 시대의 흐름과 반대되는 아이디어가 즉각적으로 받아들여질 수 없었던 것이다. 10년 이상의 험난한 과정과 엄청난 실험을 하고 나서야 비로소 이 이론은 모든 사람들에게 받아들여졌다. 아레니우스의 해리 이론에 대해 이렇게 길고 어려운 과정이 진행되는 동안 화학 분야는 엄청난 진보가 이루어졌고, 화학과 물리학 사이에는 유례없는 학문적 연결고리가 확립되어 두 과학 분야에 대단한 기여를 하였다.

아레니우스 이론의 가장 중요한 결과 중 하나는 반트 호프의 이론을 일반화하고 완성한 것이다. 아레니우스의 지지가 없었다면, 반트 호프의 이론은 결코 일반적인 지지를 얻지 못했을 것이다. 아레니우스와 반트 호프의 이름은 과학사에 큰 자취를 남기며 화학사에 길이 남을 것이다. 이것이 바로 해리이론의 실험적 기초가 물리학에 속한다는 사실에도 불구하고 노벨 화학상이 주어진 이유이다.

28

공기 중 비활성 기체원소의 발견

(1904년 화학상)

▌윌리엄 램지(1852~1916)

오늘날 자연과학 연구의 가장 두드러진 특징 중 하나는 물리와 화학이 갖는 보완적인 역할인데, 한 분야의 발견이 항상 나머지 다른 분야에 영향을 끼치게 된다. 예를 들면 1904년 노벨 물리학상을 받은 특정 기체의 물리적 특성을 고려한 레일리의 연구가 순수 화학 분야에서도 신기하고 중요한 발견들을 이끌어 냈다.

대기 속의 질소와 화학적으로 만든 질소 사이에 존재하는 현저한 밀도 차이를 레일리가 증명하자 화학자로 이름이 알려진 영국의 과학자가 이 물질의 특수한 상태를 규명할 목적으로 공동 연구에 참여하였다. 이 공동 연구의 결과로 질소 밀도의 1.5배이며 이전에는 알려지지 않은 기체 성분이 공기에 포함되어 있어 대기 질소가 더 큰 비중을 갖는다는 것을 설명할 수 있었다. 램지는 새로운 기체의 특성을 신중히 연구하여 새로운 원소의 발견을 확실하게 입증함으로써 다른 원소와 함께 화학원소표에 포함시켰으며 이것을 무반응성 때문에 아르곤(비활성원소)이라고 불렀다.

레일리의 화학 분야 공동 연구자는 지구 대기군에 있는 아르곤을 증명한 것에 만족하지 않고 그 이후로도 지각에서 아르곤의 존재를 찾는데 열중하였다. 그 결과 그는 새로운 발견을 하였는데 그것은 이전 것만큼 놀라운 것이었다. 그는 특정 우라늄 광물로부터 기체를 분리하였는데, 이것은 아르곤과 일치하지 않으며 지금까지 지구에서 발견되지 않아 오랫동안 찾아왔던 태양원소 헬륨과 일치한다고 분광기를 사용하여 밝혔다. 헬륨이 존재는 1868년 인도에서 일식을 관찰하던 프랑스의 천문학자 장센이 태양채층을 분광기로 조사하면서 처음 증명하였다. 뒤이어 헬륨이 광천수나 특정 운석에 존재하며 아르곤처럼 아주 적은 양이 지구의 대기 성분에 있다는 것이 밝혀졌다.

새로운 두 기체의 원자량이 헬륨은 4, 아르곤은 40인 것으로 결정되자마자 이 활발한 과학자는 이론적인 이유 때문에 두 기체 사이에 원자량이 20 정도인 또 다른 기체 원소를 찾기 시작했다. 그리고 다양한 방법으로 수많은 시도를 한 끝에 대량으로 액체공기를 만드는 문제가 실질적으로 해결되면서 마침내 어떤 물질을 얻었다.

액체공기의 기화가 일어나기 시작하는 낮은 온도를 이용하여 큰 어려움 없이 액체 아르곤의 상당량을 얻을 수 있었고, 분별증류와 액체공기의 직접적인 분별법으로 자유롭게 휘발하는 분율에서 네온이라고 부르기 시작한 원소를 확인하는데 성공하였다. 이것이 전부가 아니었다. 자유롭게 확산하지 못하는 공기의 분율에서 정상온도에서는 기체 상태이고 아르곤보다 더 큰 밀도를 가지는 2개의 새로운 원소를 거의 동시에 발견하여 크립톤과 크세논으로 명명하였다.

이 기체들은 공기 중에 존재하지만 양이 아주 적어서 아르곤은 공기 부피의 100분의 1 정도이고, 네온은 10만 분의 1이나 2, 헬륨은 100만 분의 1이나 2, 크립톤은 100만 분의 1, 그리고 크세논은 2000만 분의 1 정도이다. 이 사실로부터 관련 연구들이 얼마나 어려울지는 전문가가 아니더라도 쉽게 예상할 수 있다. 그러나 수많은 난관에도 불구하고 그는 새로운 원소를 분리하고 그것들의 특성을 정확하게 연구하여 주기율표 내에서 그 위치를 결정할 수 있었다. 5개의 새로운 기체, 즉 '영족기체'는 전기적 극성이 없어서 이전에 알려진 모든 원소와 완전히 구별되는 원소 그룹을 이루었다. 이것으로 주기율표에서 가장 음성을 띠는 할로겐과 가장 양성을 띠는 알칼리 금속 사이에 있는 공간이 채워졌다.

하나의 원소조차도 확실하게 알지 못했던 상태에서 새로운 족의 모든 원소를 발견한 것은 화학에서 아주 특별한 것이며 본질적으로 과학의 진보에 크게 이바지했다. 이 모든 원소들은 지구대기의 성분이어서 과학 연구를 위해 쉽게 접근할 수 있는 것이었는데도 셸레,

프리스틀리, 그리고 라부아지에 시대부터 현재까지 공기의 화학적 물리적 특성을 측정하였던 저명한 과학자들까지 오랜 시간 좌절했던 것을 생각해 보면 이 진보는 매우 놀라운 것이다.

이 발견은 이미 알려진 70개 원소에 새로 5개를 단순히 보탠 것 이상의 큰 의미가 있다. 새로운 기체의 비활성 특성 때문에 매우 힘들었지만, 그 덕분에 모든 원소 중에서도 아주 특징적인 위치에 놓이게 되었다. 하지만 반복적이고 끈기 있는 노력에도 불구하고 자기들 간의 결합이나 다른 알려진 원소와 화학적 결합을 유발하는 것은 불가능하다. 이전에는 원소의 완전한 비활성이 알려지지 않았기 때문에 일반적으로 화학반응에 들어가는 힘이 크든 작든 모든 원소의 특징을 나타내는 기본적인 속성은 모두 같다고 믿었다. 영족기체의 발견은 원소 성질에 관한 매우 협소한 시야를 넓혀 주고 우리 지식 앞에 있는 장애물을 제거하여 이론적인 관점에서 특히 흥미를 주었다.

엄청난 노력 없이는 얻지 못했을 영족기체의 발견으로 이루어진 과학의 승리는 단지 운이 좋았기 때문이 아니라 잘 계획하고 끈기 있게 연구했기에 가능한 것이었다.

29

원자핵의 발견

(1908년 화학상)

▌어니스트 러더퍼드(1871~1937)

베크렐의 발견 이후 방사선은 우라늄뿐 아니라 베르셀리우스가 발견한 토륨, 퀴리 부인이 발견한 라듐과 폴로늄등 다른 원소들에서도 일어나고 있다는 것이 알려졌다. 러더퍼드는 이들 방사선의 강도를 정밀하게 측정할 수 있는 방법을 개발하고, 알파선과 베타선으로 명명된 명백히 다른 종류의 방사선이 존재함을 증명하였다. 또한, 이 두 가지 방사선의 중요한 특성을 규명하고 더 나아가 이들 방사선, 특히 알파선의 물질적 특성을 나무랄 데 없이 증명하는 등 매우 면밀한 연구를 수행하였다.

토륨에서 일어나는 방사성 현상의 연구를 통해 러더퍼드는 그 원소가 기체 물질을 방출하는 중요한 발견을 하였으며, 그 이후 이른바 토륨 방출이라고 불리는 이 현상이 원소의 고유 특성이며 액체 형태로 액화될 수도 있음을 증명하였다.

계속하여 그는 이런 방출이 토륨에서 직접 일어나는 것이 아니라 토륨-X라고 불리는 토륨으로부터 계속 생성되는 중간생성물로부터 방출되며, 그 중간 생성물 자체는 기체 방출이 진행되는 동안 계속 분열한다는 것을 명확히 밝혔다. 또한, 방출물 자체도 불안정한 상태라서 방출 직후 다른 방사성원소로 곧 전환되는데, 방출 기체가 어떤 고체표면에 접하게 되면 그 위에서 매우 정교한 표피의 형태로 석출되는 활성석출이 일어난다는 것을 보여 주었다.

현재는 토륨에서 일어나는 이러한 현상들이 라듐, 우라늄, 폴로늄 등 다시 말해 모든 방사성원소에서 일어나는 것으로 밝혀졌으며, 특히 라듐과 악티늄에서는 토륨에서와 동일한 방법으로 기체 방출이 일어난다는 것을 증명할 수 있게 되었다.

방사성 현상에서 관찰되는 이런 모든 변화는 보통의 화학반응에서 일어나는 변화와는 완전히 차원이 다른 것이라서, 저울이나 분광기로는 전혀 구별할 수 없다. 이 현상은 확실하고 높은 정밀도를 가진 매우 민감한 전자기기로 추적하고 측정할 수 있을 뿐이다.

러더퍼드의 발견은 지금까지의 이론과 달리 한 원소가 다른 원소로 전환될 수 있다는 매우 놀라운 결론에 도달하게 된다. 따라서 어떤 면에서 이런 연구의 진전은 우리를 고대의 연금술사들이 매료되었던 원소의 변성론으로 되돌려 놓았다고 할 수 있다.

이 중요한 현상을 설명하기 위해 러더퍼드는 그의 공동 연구자 중 한 명인 소디와 함께 1902년 원자분열이론을 내놓았는데, 이 이론은 물질의 성질에 관해 톰슨과 다른 물리학자들이 이미 발표했던 견해들과 여러 가지 면에서 밀접한 연관성이 있다.

이 이론에 따르면 방사능의 발생과 소멸은 분자들의 변화 때문이 아니라 원자 자체의 변화에 기인하는 것이다. 방사능 물질은 그 원자가 하나 이상의 방사선을 방출하면서 동시에 물리화학적 특성이 전혀 다른 새로운 원자로 변환되는 이른바 분열과정을 겪는다. 그 새로운 원소 역시 비슷한 방법으로 분열하는 과정은 계속 거치면서 더 안정되고 활동성이 적은 원소로 바뀌게 되는 것이다. 방사능 물질의 변성은 항상 점진적으로 일어나며 다소 불안정한 전이 상태를 거치게 된다.

한 예로 라듐의 경우 최소한 일곱 가지의 전이 상태가 관찰된다. 이들은 매우 불안정한 원소들로 그것이 변성되는 속도로 구분하거나 자주 표현되는 바와 같이 방사능 물질을 특징짓는 매우 중요한 상수인 평균 존재 시간의 변화로 구별하게 된다. 측정 결과에 따르면 평균 존재 시간은 물질에 따라 수 초에서 수십억 년까지 달라진다.

이 원자분열 이론이 세상에 발표되자마자 윌리엄 램지와 소디는 매우 신빙성 있는 방법을 통해 헬륨이 라듐으로부터 생성되는 과정을 성공적으로 밝혔으며, 이로써 이 이론이 극적으로 확인되었다. 이 발견은 러더퍼드와 소디가 헬륨이 방사능 물질의 분열 과정에서 생성될 것이라고 추측한 것만큼이나 흥미롭고 중요한 것이다.

결국 원자분열 이론은 모든 화학자가 받아들였던 원소의 안정성에 관한 기존의 설을 뒤집는 대담한 것임에도 불구하고 대단히 빨리 인정되어 널리 인지되었다. 이것은 아마도 이 이론으로 방사선학이 명료해졌으며 조직적으로 잘 정돈된 체계를 갖추게 되었기 때문이다.

러더퍼드의 연구는 물리적인 방법으로 물리학자가 이룬 연구이긴 하지만 화학 분야에서 그 중요성이 매우 지대하고 반론의 여지가 없다.

러더퍼드의 원자분열 이론과 이에 바탕을 둔 실험적 결과들은 화학에서 가장 근본적인 이해를 증진시킬 수 있는 새로운 연구 분야의 시작을 의미한다. 19세기의 화학자들에게 원자와 원소는 더 이상 자를 수 없는 궁극적 한계로 인식되었고, 더 이상은 실험적 연구가 불가능한 것이었다. 설혹 원자 이상의 것을 탐구하더라도 모호하고 가치 없는 연구 결과를 얻을 뿐이라고 생각되었다. 도저히 넘을 수 없을 것 같던 이러한 경계가 이제 사라져 버렸다. 정밀한 측정 결과들 덕분에 이제는 원자의 내부구조와 그 구조를 결정하는 자연법칙들에 관한 탐구가 충분히 실현 가능해졌다.

30

촉매, 화학평형과 반응속도에 관한 연구

(1909년 화학상)

▌프리드리히 빌헬름 오스트발트(1853~1932)

19세기 전반부에 특정한 반응 자체에 참여하지 않는 듯 보이는, 즉 어떠한 경우에도 전혀 반응하지 않는 물질에 의해 화학반응이 촉진된다는 것이 발견되었다. 이것 때문에 베르셀리우스는 1835년에 화학의 진보에 관한 그 유명한 연차보고서를 발표하게 되었다. 그는 이 보고서에서 다양한 관찰 결과들을 공통되는 기준에 따라 분류하고 새로운 개념을 도입함으로써 매우 명쾌한 결론에 도달했음을 밝혔다. 그는 이 현상을 촉매작용이라고 명명했다. 그러나 촉매작용이라는 개념은 얼마 지나지 않아 다른 면에서 뛰어난 일부의 과학자들로부터 헛된 주장이라는 혹평에 직면하게 되었다.

약 50년 후에 빌헬름 오스트발트는 산과 염기의 상대적인 세기를 결정하기 위해 여러 연구에 몰두하였다. 그는 재현성 있는 결과를 주는 여러 방법으로 화학에서 예외적으로 중요한 이 문제를 해결하려고 노력하였다. 그의 여러 업적 중 한 가지는 서로 다른 반응들이 산과 염기의 작용에서 일어나는 속도가 산과 염기의 상대적인 세기를 결정하는 데 사용될 수 있다는 것을 발견한 것이다. 그는 이러한 요지에 따라 광범위한 측정을 수행해서 그 조사 내용을 근본적이고 전형적인 경우의 반응 속도를 연구하는 전 과정의 초석으로 삼았다. 그때부터 계속해서 반응속도론은 이론화학에 점점 더 중요해졌다.

그러나 이 테스트는 또한 촉매과정의 특성에 대한 새로운 점을 시사하기도 했다. 아레니우스가 수용액에서 산과 염기는 이온으로 분리되고, 그 세기는 그들의 전기전도도에 따라 좀 더 정확하게 말하자면 해리 정도에 따라 결정된다는 그의 유명한 이론을 공식화한 후에, 오스트발트는 전도도, 즉 그가 이전 실험에서 사용한 산과 염기의 수소이온 및 수산화이온의 농도를 측정함으로써 이 견해가 옳다는 것을 확인했다. 그는 그가 연구한 모든 종류의 반응에서 아레니우스의 이론이 확실하다는 것을 발견했다. 어떤 방법을 사용해도 산과 염기의 세기에 관해 같은 값을 재현성 있게 얻은 그는 모든 경우에 산의 수소이온과 염기의 수산화이온이 촉매 작용을 했으며 산과 염기의 상대적 세기는 그들의 이온 농도에 의해서만 결정된다고 설명했다.

그리하여 오스트발트는 촉매현상에 관해 처음부터 끝까지 좀 더 철저한 연구를 수행하게 되었고, 다른 촉매에까지 그 범위를 확대했다. 일관되고 지속적인 연구 끝에 그는 촉매의 성질을 기술하는 원리를 성공적으로 완성하였는데, 이 원리에 의하면 촉매작용이라 반응기질인 촉매에 의한 화학반응 속도의 변형이며, 이 기질이 없으면 최종 생성물의 일부분이 만들어진다는 현재의 지식 상태를 만족시키고 있다. 그 변형은 반응속도의 증가일 수도 있으나 감소일 수도 있다. 촉매가 없다면 느린 속도로 진행하는, 예를 들어 평형에 도달하기까지 몇 년이 걸리는 반응도 촉매를 사용하면 비교적 짧은 시간 안에 완결될 정도로 가속화될 수 있다.

반응속도는 측정이 가능한 변수이므로 반응속도에 영향을 주는 모든 변수 또한 측정이 가능하다. 촉매는 전에는 숨겨진 비밀처럼 보였지만 이제는 반응속도의 문제로 인지되고 있으며 정확한 과학적 연구로까지 접근할 수 있게 되었다.

오스트발트의 연구는 풍부하게 활용되었다. 이 새로운 개념의 중요성은 모든 화학 분야에서 촉매과정의 극히 중요한 역할에 의해 가장 잘 나타난다. 촉매과정은 흔하게 일어나는데 특히 유기합성이 그렇다. 실질적으로 전체 화학 산업의 기초인 황산합성과 같은 산업의 핵심 부분과 지난 10년간 그리도 번성했던 인디고합성은 촉매작용이 핵심이다. 그러나 더욱 큰 비중을 갖는 요소는 살아 있는 유기체의 화학과정에 극히 중요한 효소라는 것이 촉매로서 작용하며, 그래서 동식물의 신진대사 이론이 근본적으로 촉매화학 분야가 된다는 것을 점점 더 깨닫게 되는 것이다. 한 예로 소화에 관계되는 화학과정이 촉매과정이며 순수하게 무기촉매를 이용해서 단계별로 모의실험이 가능하다. 더군다나 각 기관의 특수 목적에 적합하게 혈액으로부터 영양분을 전달받는 여러 기관의 능력은 그 목적에 맞게 촉매작용을 할 수 있는 기관 내에 여러 효소가 있다는 사실로 확실하게 설명할 수 있다.

31

원소로부터 암모니아 합성

(1918년 화학상)

▌프리츠 하버(1868~1934)

토양의 생산력은 자연의 경제법칙에 따르는데, 일반적으로 곡식에서 나오는 퇴비가 토양으로 되돌아가면 일정한 수준이 유지된다. 그러나 토양의 생산성이 증가하기를 바라면 부가적으로 비료를 사용해야 한다. 매년 수확의 큰 부분이 매해 증가하는 인구에 의해 소비되고 마을에서 나오는 아주 적은 양의 퇴비가 경작하는 땅으로 되돌아가기 때문에 토양은 고갈되고 수확량이 감소하는 것을 피할 수 없다. 이와 같은 원인이 인공 비료를 제조하도록 만들었는데, 적어도 유럽의 경우 비료 없이 경작할 수 있는 국가가 거의 없을 정도로 해마다 필요량이 증가하고 있다.

인공 비료 중에서는 질소화합물이 중요한데, 인산이나 산화칼륨과는 달리 풍화작용으로 인해 식물에 꼭 필요한 질소화합물이 토양에 많이 저장되어 있지 않기 때문이다. 게다가 유용한 질소의 일부분은 순환과정에서 비활성 대기질소로 되돌아간다. 이와 같은 손실분은 폭우와 박테리아의 활동으로 확실히 보충되지만 지금까지의 경험으로는 인공 질소 비료 없이는 집약적인 경작을 유지할 수 없다는 것이다. 이 같은 사실은 무엇보다도 오늘날 가장 중요한 곡물 가운데 하나인 사탕무에 해당된다.

여러 해 동안 단지 두 개의 인공 질소화합물이 존재하였는데 그것은 질산칼륨과 염화암모늄이다. 그러나 이것을 합성하는 오래된 방법은 유럽과 미국에서 중지되었고 질산나트륨이 등장하였으며, 이것을 질소비료로 만들기 위해서 광물탄의 건식증류로부터 나오는 부산물을 사용하였다.

질소로 계산한 질산나트륨(칠레초석)의 연간 소비량은 50만 톤 이상이었다. 이 많은 양이 대부분 비료로 사용되었다. 이로 인해 심각한 문제가 제기되었는데 그것은 칠레에 있는 초석 매장량이 언제 고갈될 것인가였다.

오래 지속된 세계대전이 모든 국가로 하여금 가능하면 어느 곳이나 유기물화의 필요에 따라 대처하기에 충분할 정도로 자국 내에서 생활필수품을 생산하도록 조장하였다.

특히 대규모 광물 매장량도 없고 값싼 수력발전도 할 수 없는 국가에서는 초석이 가장 중요하기 때문에 암모니아와 질산의 인공적인 생산은 매우 중요하다.

암모니아는 자연산과 인공 산물의 경계에 있는 물질로써 아스팔트와 갈탄의 건식증류로 얻어진다. 암모니아는 질량비 1.3퍼센트에 해당되는 양이 질소 함유 광물로부터 나오는데, 그러나 많은 부분이 코크스로 남아 있거나 증류하는 동안 질소로 날아간다.

20세기의 첫 10년 동안 공기로부터 질소를 고정하는 여러 방법이 발표되었지만 이 중에서 시험단계까지 살아남은 것은 거의 없었다. 그중 처음 방법이 프랑크-카로의 사이안아마이드 방법이다. 칼슘사이안아마이드가 비료로서 기대에 완전히 미치지는 못하지만 함유된 질소가 상대적으로 쉽게 암모니아로 바뀔 수 있기 때문에 활용에 방해물이 되지는 않는다.

열역학의 주요 원리를 사용하여 일산화탄소를 생성하는 대기질소의 연소와 관련된 모든 정량 조건을 계산할 수 있게 되자 비르켈란트와 에이데는 이것을 기술적으로 응용하여 처음으로 성공적인 결과를 얻었다.

베르틀로와 톰슨의 실험으로 이 결합이 발열반응으로 일어난다는 것을 증명하였지만 1904년까지 아무도 전기 방전의 도움 없이는 암모니아를 생성하기 위해 질소와 수소의 직접적인 결합을 일으킬 수 없었다. 이런 부정적인 결과는 낮은 온도에서의 느린 반응과 높은 온도에서의 불리한 평형상태에 의한 것임을 경험으로 쉽게 알 수 있다. 1884년 램지와 영이 촉매로 철을 사용하여 실험을 수행했지만 불확실한 결과를 얻었을 뿐이다.

하버 교수와 반 오르트는 이전의 실험이 문제에 대한 기술적 해답을 줄 거라는 희망을 가지고, 1904년 현대 물리화학 방법에 기초를 두고 관련 분야의 방법론적인 연구를 시작하였다. 그들은 약 1000도의 온도와 정상 압력에서 철을 촉매로 사용하여 실험하였고 그 결과 적열과 더 높은 압력을 나타내는 위쪽에서 단지 미량의 암모니아가 생성된다는 것을 알게 되었다.

이 연구에서 시스템에 실제 존재하는 평형상태가 암모니아 합성의 기초라는 것을 처음 실험적으로 보였다.

1913년 "전기화학잡지"에서 하버와 르 로시뇰에 의해 가장 중요하고 실용적인 의미를 갖는 이 문제의 취급 방법을 발견할 수 있었다. 제목은 "원소로부터 암모니아의 기술적 생산에 대하여"이다. 이 논문이 루트비히샤펜에 있는 '바덴아닐린-소다'사에서 공장 규모로 방법을 발전시키는 데 제공하였고 주요 개발은 보슈의 지도 아래 이루어졌다.

초기 실험에서 과도한 검붉은 열, 즉 600도는 효과가 없어 보였고 반응식은 4부피에서 2부피로 감소되면서 결합이 일어나는 것으로 밝혀졌다. 평형의 법칙에서 압력이 높을수록 평형은 암모니아 쪽으로 이동하는데 이것이 기본적인 원리를 제공했다. 약 500도의 온도를 가능한 한 가장 높은 압력과 함께 사용해야 했는데, 실제로 약 150기압부터 200기압의 압력이 가능하다. 이 높은 압력이 반응을 가속화 시키리라는 것을 예상할 수 있다. 그러나 그처럼 높은 압력과 적열에 접근하는 온도에서 순환시스템에 기체의 흐름이 포함된 실험은 매우 심각한 어려움을 불러일으켰고 그때까지 시도된 적은 없었다.

그러나 실험은 완전히 성공적이었다. 문제의 논문은 사용한 장치의 자세한 도면을 포함하고 있는데, 철을 촉매로 사용하여 1시간당, 그리고 접촉부터 1리터당 약 250그램의 암모니아를 생산하였고, 우라늄이나 오스뮴을 촉매로 하여 더 많은 양을 생산하였다.

가열은 전기적으로 이루어졌지만 장치로부터 새어 나오는 열은 대개 투입되는 기체에 다시 이용되기 때문에 요구되는 온도는 재생하는 열과 암모니아 생성으로부터 방출되는 열에 의해 유지할 수 있다. 하버의 관찰에서 매우 중요한 특징은 기체가 반응 중에 더 빠른 유속으로 보급되면 단위 시간당 생산되는 암모니아의 양이 점차로 증가한다는 것이다.

하버는 가장 좋은 촉매는 오스뮴이고 그다음이 우라늄이나 탄화우라늄이라는 것을 알아냈다. 바덴 공장에서 대부분 수행했던 시험에 따르면 촉매 활동은 촉매의 활성억제제에 의해 감소되지만 산화물이나 알칼리염, 그리고 알칼리토금속에 의해 증가될 수 있다. 점점 더 활성이 좋은 촉매가 발견되었고 이것으로 관내 압력을 점차로 감소시키는 것이 가능하였다.

1910년에 프랑크푸르트 암마인 근처 오파우에서 처음으로 암모니아 연간 생산량이 3만 톤으로 예상되는 건설 공사가 시작되었다.

기본물질인 질소와 수소는 표준방법으로 만들어졌다. 암모니아 제조 과정에서 전력의 소비는 아주 낮아 암모니아 킬로그램당 0.5kw/h 이하의 양이다. 그러므로 킬로와트/연당 1만 킬로그램 이상의 질소가 고정된다.

반응의 평형 위치와 여러 요소들은 암모니아의 생성열과 비열에 의존하기 때문에 1914년과 1915년에 "전기화학잡지"에 연속으로 발표한 여러 개의 논문에서 하버는 이 과정들을 아주 정확하게 확인하기 위해 수행했던 실험들을 광범위하게 서술하였다.

오스트발트가 수정한 방법으로 암모니아를 질산으로 바꾸고 질산을 질산칼륨으로 바꾸므로, 질산칼슘을 생산하는 전체 비용들 사이의 비는 계산에 따르면 대략 다음과 같다.

*노르웨이난 하이드로 : 100

*하버 : 103

*프랑크-카로 : 117

위의 숫자들이 나타내듯이 처음 두 방법이 비슷하지만 나머지 하나는 약 15퍼센트 정도 더 높다.

그러나 세 방법 가운데 하버의 방법이 유일하게 값싼 수력전력을 이용하고 독립적으로 작동할 수 있기 때문에 앞으로 모든 국가에 활용될 수 있다. 더욱이 필요한 만큼 적당한 규모로 만들 수 있고 매우 값싸게 암모니아를 생산하고 질산염을 만들 수 있기 때문에 인류의 영양 섭취 향상에 아주 중요한 기여를 하였다.

32

열화학에 대한 연구

(1920년 화학)

▌ 발터 네른스트(1864~1941)

화학반응 동안 수많은 온도변화의 측정, 즉 열화학 측정은 오랫동안 수행되었고 화학자들은 온도변화와 화학친화도 사이의 연관성을 밝히려 노력하였다.

네른스트가 열화학의 연구를 시작할 당시, 열역학의 첫 번째 법칙인 에너지보존 법칙을 통해 온도에 따른 반응열을 계산하는 것이 가능하였다. 이는 반응열이 출발물질과 생성물질 간의 비열의 차이와 같다는 사실에 근거한 것이다. 비열이란 물질의 온도를 0도에서 1도로 올리는데 필요한 열량이다. 또한 반트 호프에 따르면 반응열뿐 아니라 주어진 온도에서 평형위치를 안다면 화학평형에서의 변화와 온도와의 관계를 계산할 수 있다. 하지만 열화학 데이터에서 화학친화도나 화학평형을 계산하는 문제는 아직 해결이 되어 있지 않은 상태였다.

네른스트는 낮은 온도에서 비열의 변화에 관한 훌륭한 결과를 얻을 수 있었다. 그는 실험 중 상대적으로 낮은 온도에서는 비열이 급격하게 떨어지는 현상이 보이는데 절대온도 0도, 즉 섭씨 −273도 근처로 접근하는 온도를 얻기 위해 액체수소가 어는 정도의 극한 실험을 하면 비열은 거의 영으로 떨어진다는 것을 알아내었다. 이는 낮은 온도에서 여러 물질들의 비열 간 차이가 거의 영에 가까워지고 고체와 액체 물질의 반응열이 아주 낮은 온도에서는 온도에 무관하게 되는 것을 의미한다.

이는 매우 중요한 사실이었지만, 문제를 해결하기에는 충분하지 않았다. 이에 네른스트는 새로운 가설을 생각해 내었는데, 이는 아주 낮은 온도에서 반응열에 적용되는 법칙이 화학친화도에도 적용되며 물리 화학 변화에서의 추진력 크기에 적용되어 아주 낮은 온도에서는 화학친화도는 거의 온도에 무관하다는 것을 말한다.

이로 인해 절대온도 0도의 영역에서 반응열이 화학친화도를 의미한다는 가설의 도움으로 모든 온도에서 화학친화도를 계산하는 것이 가능하였다. 이 계산은 네른스트의 가설과 주어진 온도에서 알려진 반응열, 온도에 따른 반응열의 알려진 변화에 기초를 둔 것으로 이는 비열을 알면 계산을 할 수 있다. 열화학 조건으로부터 화학친화도를 계산할 수 있는 원리는 실험으로도 증명되었다.

네른스트의 열화학 연구로 인해 실용적으로 요구되는 생산량을 충분히 얻을 정도의 화학반응이 일어날 수 있는 조건을 미리 계산할 수 있었다. 이는 질산과 비료의 제조에 획기적인 도움을 주었다.

33

중핵분열의 발견

(1944년 화학)

▌오토 한(1879~1968)

화합물이 생성되거나 분해될 때는 전자껍질 바깥 부분에서 상호 작용이 일어난다. 화학이 거의 원자들의 조합이나 결합으로부터 원자의 분리를 연구한다는 관점에서 보면 화학은 현재까지 원자 주변 부분에 관한 화학이라고 말할 수 있다.

핵화학은 원자의 중심인 핵을 다루는 분야이며 이 분야에서의 커다란 업적을 이루어 낸 이가 바로 오토 한이다.

원자핵은 아주 작다. 러더퍼드는 원자핵의 지름이 원자지름보다 1만 배나 작아 1센티미터의 10조 분의 1 정두인 것을 발견했다. 러더퍼드는 에너지를 가진 방사성원소의 입자, 즉 발사된 입자로 다른 핵으로부터 작은 조각을 떼어내는 데 성공하였다. 이와 같은 방식으로 떨어져 나간 것은 수소핵, 즉 양성자라는 것을 알았는데 미소한 크기에도 불구하고 원자핵은 양성자로 이루어진 복합구조였다. 후에 졸리오와 그의 부인 이렌느 퀴리는 다른 종류의 원소들이 에너지가 풍부한 양성입자의 방사선에 노출되었을 때 일어나는 현상을 많이 연구하였다. 이때 원자의 변환이 일어날 수 있는데 생성된 원자는 일반적으로 불안정하여 다른 종류의 원소 입자를 방출하면서 자발적으로 분해된다.

페르미는 핵합성을 위해 발사체로써 채드윅이 발견한 중성자를 사용했다. 중성자는 양성자와 같은 질량을 가지지만 이름이 의미하듯 전하를 띠지 않는 것이 다르다. 그래서 양성 원자핵에 의해 반발하지 않고 이전에 사용했던 양전하를 가진 발사체보다 더 쉽게 결합한다. 이 방법으로 페르미는 수많은 새로운 종류의 방사성 원자를 만들어 낼 수 있었다.

핵화학에 대한 이런 연구들은 반응성 핵의 작은 질량 변화에 관한 것이었다. 즉 단순히 다른 종류의 원소 입자의 첨가나 손실의 문제였다. 그러나 오토 한이 발견한 반응 과정은 아주 다른 특성을 가진다. 이것은 무거운 원자핵이 대체로 같은 크기의 두 부분으로 분리된다는 것이다.

오토 한이 리제 마이트너와 30년 동안 공동 연구를 하면서 1936년부터 1938년까지 토륨과 우라늄 같은 가장 무거운 원소에 중성자를 발사하여 얻은 생성물에 관하여 연구하였다. 페르미에 따르면 나타난 원소들은 주기율표 원소들의 연장선상에 있고 오토 한과 마이트너는 이 가정을 증명할 수 있다고 믿었다. 그러나 1938년 말에 오토 한은 그의 젊은 동료인 슈트라스만과 함께 수행한 공동 연구를 통해 중성자와 우라늄의 반응에서 형성된 생성물 중의 하나가 화학적으로 바륨처럼 거동하는 일종의 라듐이라고 가정하였다.

1939년 1월 오토 한은 이 발견을 발표하면서 중성자에 의해 가장 무거운 원소의 원자들이 반으로 쪼개져 주기율표의 중간에 속하는 원소들을 만들어 낼 수 있다는 대담한 견해를 아주 신중한 용어로 표현하였다. 한 달 후에 그는 이론의 증거를 제시할 수 있었는데 그것은 세계의 다른 지역에 있는 과학자들이 다른 방법을 사용하여 수행한 연구에서 거의 동시에 확증되었다.

오토 한의 발견은 놀라움을 자아냈고, 세계 과학자들에게 엄청난 흥미를 불러일으켰다. 보어가 개발한 원자의 구조이론에 연구의 기초를 두었던 리제 마이트너와 프리슈에 의해 중요한 이론적 연구가 즉시 이루어졌다. 이 연구는 물질이 에너지로 변환되어 핵분열이 거대한 에너지 방출과 함께 일어난다는 것을 설명하였다. 이와 같은 분열 중에 생성되는 조각들이 거대한 힘을 가지고 모든 방향으로 퍼지는 것이 계산을 통해 나타났으며 프리슈는 이것을 실험으로 보여주었다.

핵분열중의 생성물이 중성자의 방출과 함께 분해된다는 졸리오의 발견과 연결되면서 오토 한의 발견은 우라늄을 쪼개서 아주 큰 에너지를 방출하는 연쇄반응을 만들 수 있다는 것을 보여 주었다. 따라서 이후의 연구는 아주 희망적이었다.

적은 양의 방사성원소를 화학적으로 확인하는 데 있어서 오토 한은 그의 동료들과 함께 중원소 핵분열의 수많은 생성물에 대한 화학적 연구 방법에 길을 열었다. 분열은 반응하는 핵의 구조와 쪼개는 중성자 에너지에 따라 여러 방식으로 나타날 수 있다. 분열의 기본 생성물은 불안정하며 점차 분해되고 원소입자를 방출하여 그것들 각각이 다른 종류의 원자들의 연속적인 출발점이 된다.

핵분열은 아주 위험하지만 그 발견은 아주 중대하며 유망하였다. 1943년 가을에 오토 한은 핵화학 분야에서 연쇄 반응으로 우라늄이 쪼개지는 가능성을 언급하였다. 연쇄반응으로 우라늄이 쪼개지는 과정에서 막대한 에너지가 순식간에 만들어져 그 효과가 이때까지 알려진 어떠한 폭발 현상도 능가한다는 것이었다.

34

화학결합의 특성 연구

(1954년 화학상)

▌라이너스 폴링(1901~1994)

원자이론이 받아들여진 후에 화학 분야에 또 다른 중요한 목표가 생겼는데, 그것은 화학 결합의 성질을 결정하는 것뿐만 아니라 원자들이 분자와 같은 큰 집단을 형성하기 위해 모였을 때 기하학적으로 어떻게 배열되는지를 결정해야 하는 것이었다.

19세기 말부터는 다양한 종류의 화학결합이 존재한다는 점을 고려하게 되었다. 그래서 베르셀리우스 이론의 문제점도 해결되었는데, 베르셀리우스의 해석은 매우 중요한 형태의 결합에 대해서는 원칙적으로 옳았지만, 그것을 다른 형태의 결합에 적용한 것이 실수였다. 보어가 원자이론을 소개한 이후로 사람들은 베르셀리우스가 제안한 결합을 상당히 만족스럽게 설명할 수 있었다. 이 결합은 전기적으로 전하를 띤 원자, 이른바 이온들 사이에서 일어나기 때문에 이 결합 형태를 이온결합이라고 불러왔다. 대부분 전형적인 이온결합은 단순한 염의 형태로 원자들을 결합시킨다.

베르셀리우스 이론을 일반적으로 적용하여 맞지 않는 다른 결합들은 보통 공유결합이라고 알려져 있다. 이것은 원자들이 분자를 형성하기 위해 결합할 때 주로 만들어지며 유명한 미국 화학자 길버트 루이스가 한때 '화학적 결합'이라고 일컫은 것이다. 그러므로 베르셀리우스의 이론으로 설명할 수 없는 수소분자 내 두 수소 원자의 결합은 공유결합이다.

오랫동안 공유결합의 성질을 설명하는 것은 어려웠다. 그러나 루이스는 1916년에 공유결합이 두 개의 이웃하는 원자에 의해 공유하고 결합하는 두 개의 전자로 이루어진다는 것을 밝혔다. 11년 후에 하이틀러와 런던은 이 결합 상태에 대해 양자역학적인 설명을 제시할 수 있었다. 그러나 공유결합의 정확한 수학적 처리는 단지 한 전자가 두 원자에 결합될 때, 그리고 이것이 원자핵 바깥에 여분의 전자들을 포함하지 않는 단순한 경우에만 가능했다. 두 전자를 포함하는 수소분자에 대해서는 처리 방법이 정확하지 않았으며 더욱 복잡한 경우에는 수학적 어려움이 크게 증가한다. 그러므로 근사한 방법들이 필요하였고, 결과들은 적절한 방법의 선택과 그들의 적용 방식에 크게 의존하게 된다.

라이너스 폴링은 이 같은 방법 개발에 크게 공헌하였고, 비상한 기술을 가지고 그것들을 활용하였다. 그리고 화학자들이 그의 연구 결과들을 쉽게 사용할 수 있도록 하였다. 폴링은 패서디나에 있는 실험실과 그 밖의 다른 여러 곳에서 실험적으로 결정된 수많은 구조들에 자신의 방법을 적용하려고 열심히 노력하였다. 오늘날 우리는 공간에서 원자의 분포를 결정하려는 블롬스트란드의 목표에 도달할 수 있는 가능성을 보게 되었다. 이것은 결정이 엑스선에 어떻게 영향을 미치는지를 조사하고 결정 내에 원자가 어떻게 위치하는지를 결정하는 엑스선 결정학 방법으로 이루어져 있다. 폴링 방법은 아주 성공적이었고 이론적인 처리 방법을 더욱 발전시키는 결과들을 이끌어 냈다.

그러나 물질의 구조가 복잡하면 엑스선으로 직접 구조를 결정하는 것이 불가능하게 된다. 그와 같은 경우에 결합 형태에 관한 정보, 즉 원자거리와 결합 방향으로부터 구조를 추측하고, 추측한 것이 실험으로 확인할 수 있는지를 조사할 수 있다. 폴링은 이 방법을 단백질 구조에 시도했다. 엑스선 방법에 의한 직접적인 단백질 구조 결정은 분자에 있는 엄청난 수의 원자들 때문에 당시로서는 불가능했다. 예를 들면 혈액조성 단백질인 헤모글로빈 분자는 약 8,000개 이상의 원자를 포함한다.

1930년대 후반에 폴링은 엑스선을 가지고 아미노산과 다이펩타이드, 즉 단백질 토막으로 불리는 것을 포함하고 있는 상당히 단순한 화합물의 구조를 결정하기 시작하였다. 이것으로부터 원자거리와 결합 방향에 대한 편차의 한계를 결정하는 것으로 보완되었다.

　이것에 기초하여 폴링은 단백질 내에 있는 기본적인 단위의 가능한 구조를 추론하였는데, 문제는 이것으로 얻어진 엑스선 자료를 설명할 수 있는지 조사하는 것이었다. 여기서 알파나선이라고 부르는 구조 하나가 여러 단백질에 존재하는 것이 밝혀졌다.

　폴링이 얼마나 정확하게 구조를 결정하였는지는 밝혀져야 하지만 그는 단백질 구조의 중요한 원리를 발견했다. 그의 방법은 계속되는 연구에 매우 유익하였다.

　물질의 구조와 화합결합의 성질에 대한 연구 결과들은 실질적으로 많이 사용되었다. 물질의 특성은 원자들이 결합하는 힘과 결과적으로 만들어지는 구조의 성질에 의존한다. 이것이 물질의 물리적 특성, 예를 들면 경도와 녹는점에 관계될 뿐만 아니라 그것이 화학반응에 어떻게 참여하는지를 보이는 화학적 특성과 관계된다. 우리가 어떤 원자나 원자집단이 분자에 어떻게 위치하는지를 알면 어떻게 분자가 주어진 조건에서 반응하는지 예측할 수 있다. 폴링의 연구로 이 모든 것이 가능하게 되었다.

35

인슐린 구조에 대한 연구

(1958년 화학상)

▌프레데릭 생어(1918~   )

단백질은 자연에 있는 가장 복잡하고 불가사의한 물질이며, 우리가 생명이라고 부르는 모든 것과 밀접하게 관련되어 있다. 예를 들면 생명의 화학과정을 조절하는 모든 효소와 많은 호르몬이 이 핵심 물질에 속하고 병을 유발하는 바이러스와 많은 종류의 독소도 이에 속하며, 예방접종으로 감염으로부터 몸을 보호하는 항체들이 이 그룹에 속한다.

몸의 혈액과 모든 조직, 즉 근육, 신경, 피부처럼 단백질은 필수적인 기능에 필요한 성분을 형성한다. 생명체 종들 간의 차이는 단백질의 화학적 개체성에 있다. 이같이 복잡하고 거대한 분자를 정확하게 결정하는 것이 오늘날 과학적 연구에 가장 커다란 문제 중 하나일 것이다.

어떤 단백질 분자가 충분히 커서 고성능 전자현미경으로 관찰할 수 있다 할지라도 직접적인 방법으로 그들의 구조를 자세히 보는 것은 불가능하다. 우리는 화학자들이 복잡한 물질들의 구조를 연구할 때 사용하는 간접적인 방법에 의지해야 한다. 그래서 적당한 방법으로 큰 분자를 쪼갠 조각들에서 단순하고 잘 알려진 물질을 찾아내야 한다. 단백질을 가지고 이 방법을 사용했던 사람이 독일 화학자이자 1902년 노벨상 수상자인 에밀 피셔이다. 그는 단백질 분자들이 아미노산의 긴 사슬들을 포함하고 있다는 것을 발견했다. 아미노산은 자연에서 약 25종류가 있으며 상대적으로 단순한 물질로서 강산과 함께 끓일 때 얻어진다. 그래서 우리는 단백질들이 여러 종류의 아미노산을 포함하고 있다는 것과 사슬 내에서 아미노산의 성분, 특히 서열이 더욱 다양하다는 것을 알고 있다.

인슐린이 당뇨병 치료에 사용되는 생리학적으로 중요한 호르몬이라는 것은 모두에게 잘 알려져 있다. 인슐린 또한 단백질이고 그 분자가 아주 큰 단백질에 속하지는 않지만 상당히 복잡해서 구조를 결정하는 끈기 있는 연구 끝에 점차 이 문제에 대해 성공적인 해결책을 찾아가는 과정은 시작부터 일종의 모험이었다. 그것은 인슐린 분자의 51개 아미노산이 서로 연결되어 있는 정확한 형태를 찾는 것이었다.

그러나 시작부터 가능성이 보였다. 생어는 사슬의 맨 마지막에 위치한 특별한 아미노산 끝에 '표지'를 남기는 방법을 개발했다. 이 목적을 위해 염료시약인 다이니트로플루오르벤젠을 사용하였다. 이것은 아미노산에 상대적으로 잘 결합하여 사슬이 깨져서 말단 아미노산이 자유롭게 되어도 붙어 있게 됩니다. 이 형태로 표지 된 인슐린을 산과 함께 끓이면 얻어지는 아미노산의 복잡한 혼합물에서 말단기를 나타내는 염색한 구성성분을 분리할 수 있다. 이 방식으로 생어는 인슐린 분자가 다른 말단기를 가진 두 개의 다른 사슬을 포함하는 것을 증명할 수 있었고, 산화시켜 분자를 쪼갠 후에 그것들을 분리했다. 그래서 51개 아미노산을 가진 하나의 분자 대신 생어는 31개와 20개를 가진 2개의 분자를 연구하에 되어 문제는 좀 단순해졌다.

약산이나 효소 처리로 사슬이 부분적으로 끊어지면 원래의 분자에서와 같은 서열을 가진 2개, 3개, 4개, 5개 혹은 더 많은 아미노산을 포함하는 큰 토막들을 얻을 수 있다. 생어는 그와 같은 처리로 얻어진 복잡한 혼합물로부터 수많은 토막들을 분리하고 확인하는 데 성공했다. 이 일에서 그는 아주 솜씨 좋게 크로마토그래피와 전기영동 방법을 조합하였는데, 특히 종이 크로마토그래프는 1952년 노벨화학상을 수상한 마틴과 싱에 의해 소개되었다.

생어는 그렇게 분리된 사슬의 토막에서 아미노산 서열을 결정하였다. 각 조각이 사슬에 있는 결합들을 대표하므로 이제 옳은 방식으로 모든 조각들을 맞추어 원래 사슬로 재조립하는 일이 남아 있었다. 이 부분에 해당하는 일은 퍼즐을 짜맞추는 것과 같다. 그것은 어렵고 힘든 작업이었지만 천천히 진행되어 나갔고 퍼즐을 맞추는 것이 가능하다는 것을 보였다. 그래서 생어는 처음으로 사슬 하나를 조립하는 데 성공했고, 얻어진 모든 토막들로부터 또 다른 나머지 사슬을 조립하는 데 성공했다. 사슬들을 쪼개는 데 사용하는 방법과 상관없이 결과는 동일하다는 사실이 중요하다.

생어는 사슬 하나에 있는 31개의 아미노산과 다른 사슬에 있는 20개 아미노산의 정확한 서열을 밝힐 수 있었다. 그는 일찍이 두 사슬이 황원자로 형성된 두 개 다리의 도움으로 인슐린 분자를 형성하고 있다는 것을 밝혔다. 이 다리들의 정확한 위치는 사슬의 구조 결정에 사용하였던 것과 유사한 방법으로 결정되었다.

생어의 성공적인 실험 과정은 다른 단백질 구조를 결정하려는 시도에 그대로 적용할 수 있다. 많은 연구자들이 이 연구에 종사하고 있으며 단백질이 생명 과정에서 핵심 물질로서 어떠한 역할을 하는지 그 조사 결과들이 현재 잘 나타나고 있다.

36

방사성 탄소연대측정법의 개발

(1960년 화학상)

▌윌러드 리비(1908~1980)

탄소의 한 종류인 ^{14}C는 14의 원자량을 갖는 탄소의 동위원소로 공기 중의 이산화탄소에서 발견되며, 바깥쪽 우주에서 오는 우주의 방사선에 의해 대기에 많이 형성된다. 이것이 생성되는 과정은 무시하더라도 새롭게 형성된 ^{14}C는 생성 순간에 높은 에너지를 가지고 있어 빠르게 이산화탄소로 산화되고 대기 중에 퍼져서 고르게 분포한다.

대기 중의 이산화탄소에서 ^{14}C의 비율은 아주 낮다. 약 1조 개의 탄소원자들 중에 원자량 14를 가진 탄소는 1개에 불과하다. 그럼에도 불구하고 ^{14}C는 방사성 동위원소여서 방사선으로 명확히 구별되기 때문에 감도 좋은 장치로 이 비율을 정확히 결정할 수 있다. ^{14}C는 전자를 방출하면서 질소로 바뀌는데 붕괴는 아주 느린 과정이어서 이 원자들의 절반이 질소로 바뀌는데 5,600년이 걸린다. 또 다른 5,600년 후에도 4분의 1이 여전히 남고, 또 같은 기간 후에 8분의 1이 남는다. 그래서 ^{14}C가 5,600년의 반감기를 갖는다고 한다.

우주방사선의 세기가 지난 몇 만 년 동안 일정하였다면 평균 수명이 대략 8,000년인 ^{14}C는 대기에서 뿐만 아니라 수권과 생물권에서 농도가 일정한 상태로 지속되어야 한다. 활성 이산화탄소나 비활성 이산화탄소는 바다와 호수의 물속에 탄산염과 중탄산염으로 바뀌어 일정한 비율로 녹아 있고 나무와 식물이 그것을 흡수하며 결국 식물을 먹고사는 동물들에게 흡수되기 때문이다. 그래서 모든 살아 있는 유기체의 활성탄소와 비활성탄소 사이에 비율은 공기에서와 같게 된다.

그러나 유기체가 죽으면 그 주변 환경과의 탄소 교환이 그치고 탄소 원자는 더 이상 교환될 수 없는 생체물질의 큰 분자로 빠르게 고착된다. 탄소 원자의 방사능이 알려진 비율로 감소하기 때문에 이 것이 약 500년에서 3만 년 전 사이에 발생하였다면 남아 있는 방사능을 측정하여 죽은 후에 경과한 시간을 결정할 수 있다.

1947년 리비가 이 가설을 발표하고 그의 뛰어난 실험 기술로 이론의 타당성을 증명하는 데는 오래 걸리지 않았다. 나무와 식물, 물개기름 등 죽은 생체물질들은 대기에서 ^{14}C의 생성과 분해의 비율로부터 죽은 시간을 계산할 수 있는 방사능을 나타냈다. 그것에 비해 석유 같은 화석물질은 완전히 비활성인데, 이것은 100만 년 전에 살았던 유기체로부터 기원한 것이기 때문이다.

최초의 제어실험은 복잡한 과정을 통해 진행되었는데, 리비는 약한 방사능 물질들에 대한 경험이 있었기 때문에 방사능을 측정하는 데 성공하였으며, 따라서 기본적인 농축실험 과정은 필요 없게 되었다. 이 실험이 실패하였다면 그의 연대결정 방법은 과학의 발전에 중요한 도구로써 활용되지 못했을 것이다.

이 정확한 방법으로 리비와 그의 공동 연구자들은 이집트의 무덤에서 발견된 숯과 나무를 측정하였다. 약 5,000년 전의 판관 헤마카 시대의 것부터 약 2,000년 전 프톨레마이오스의 시대에 속하는 것, 그리고 두 시대의 중간 것들의 연대를 측정하였다. 이집트 학자들은 이 방법으로 모든 무덤들이 언제 건축되었는지를 측정할 수 있었다. 리비는 또한 나이테를 세어서 정확한 연대를 알고 있는, 수천 년 된 삼나무와 미송의 줄기로부터 연대를 측정하여 그의 방법을 확인하였다. 이 제어실험으로부터 얻은 결과들이 리비방법의 신뢰도를 잘 보여주었다.

이 방법은 또한 고고학자와 지질학자가 부딪히는 문제들을 풀기 위해 사용되었는데 중요한 결과들이 계속해서 빠르게 쏟아져 나왔다. 이집트의 학자들은 기원전 3400년에 시작한 첫 왕조보다 약

2,000년 더 이전까지 시간 측정을 하는 연대기를 만들었는데 이 방법이 실마리가 되었다. 또한, 북유럽과 북미의 마지막 빙하시대가 11,000년 전에 동시에 있었고 상당히 넓게 퍼져 있었다는 것을 증명하였으며 이 지역에서 인류 최초의 거주지의 흔적이 약 1만 년 전으로 판명되었다. 한편 프랑스 남쪽 지방에서 빙하시대 도래 이전 혈거인들의 모닥불 숯에서 발견된 유물이 15,000년이나 된다는 것도 증명하였으며 이라크에서 발견된 유사한 것은 25,000년 전에 사람이 살았다는 증거를 보여 주었다. 이와 같은 결과들은 인간의 선사시대에 빛을 밝히는 연대결정 중에 단지 몇 가지를 언급한 것이다.

고고학자들과 지질학자들이 위에서 언급한 시간대 안에서 물질의 연대를 측정할 때 이 방법을 자유자재로 사용할 수 있었다. 스웨덴에서는 꽃가루 분석과 점토층의 제라르 드 기어 계수 방법이 잘 알려져 있는데, ^{14}C 방법은 이와 같은 방법들을 보완하고 더 정확하게 측정할 수 있다. ^{14}C 방법은 바다 침전물의 연대를 측정하는 해양학에도 응용하고 있다. 이것은 대양의 깊은 물이 전복되는 속도를 더욱 정확하게 결정하여 대양의 물 순환 등과 같은 물리해양학의 주된 문제를 해결하는 데 중요한 역할을 한다.

리비의 연대 측정방법이 알려지자 과학계에서 곧바로 관심을 가졌고, 오래지 않아 여러 나라에서 ^{14}C 실험실을 만들었다. 오늘날 수많은 연구 기관들이 이 분야 연구를 진행하고 있다.

37

비가역적 열역학에 기초에 대한 연구

(1968년 화학상)

▌라르스 온사거(1903~1976)

　비가역 열역학의 기초가 되고 본인의 이름을 딴 역관계의 발견으로 라르스 온사거는 1968년 노벨 화학상을 수상하였다. 상을 받게 된 동기를 들으면 사람들은 즉시 온사거의 공헌이 어려운 이론 분야와 관계된다는 강한 인상을 받게 된다. 좀 더 면밀히 살펴보면 이것이 정말로 사실이라는 것을 알게 된다. 온사거의 역관계는 물리와 화학 사이의 경계 분야에 있는 복잡한 문제들에 대하여 적당한 관계식을 만들어 보편적인 자연법칙으로 설명할 수 있었다.

　1929년 온사거는 코펜하겐에서 열린 스칸디나비아 과학학회에서 그 발견의 기초를 발표하였다. 또한, 1931년 널리 알려진 물리학 잡지인 '피지컬 리뷰'에 "비가역 과정의 역관계"라는 제목으로 두 부분에 발표하였다. 두 논문의 크기가 각각 22쪽과 15쪽을 넘지 않는 간결한 발표였다. 쪽수로 따지자면 이 업적은 노벨상을 받은 연구 내용 중 가장 짧은 것 가운데 하나이다.

30여 년 전에 발표된 역관계는 오랫동안 거의 아무런 관심을 받지 못했다. 제2차 세계 대전 후에 좀 더 널리 알려지기 시작하였고 지난 10년 동안 역관계는 물리와 화학뿐만 아니라 생물과 기술 분야의 수많은 응용으로 비가역 열역학이 빠르게 발달하는데 중요한 역할을 하였다.

우리가 거의 모든 일반적인 과정들이 비가역적이고 그것들 자체가 되돌아갈 수 없다는 것을 깨닫는다면 비가역 열역학의 위대한 중요성은 명백해질 것이다. 뜨거운 물체에서 차가운 물체로의 열전도, 혼합, 혹은 확산을 예로 들 수 있다. 가장 쉬운 예로 우리가 차가운 설탕 덩어리를 뜨거운 차에 녹일 때 이 과정은 저절로 일어난다.

고전열역학을 이용하여 그와 같은 과정을 다루는 초기의 시도들은 거의 성공하지 못했다. 고전열역학이라는 자체의 이름에도 불구하고 역학과정을 다루는 방법에는 적당하지 않았다. 그 대신에 정적상태와 화학평형의 연구에는 완벽한 도구였다. 이 과학은 19세기와 20세기 초에 발달되었다. 그 시대의 많은 과학자들이 비가역적 열역학에 관한 연구를 포기하였다. 그러던 중에 열역학 제 3법칙이 나타나기 시작했고, 이 분야의 과학의 기초를 형성하였다.

이것은 일반적으로 가장 자라 알려진 자연법칙이다. 제 1법칙은 에너지 보존 법칙이고 제 2법칙과 제 3법칙은 열역학과 통계학을 연결하는 중요한 양적 엔트로피를 정의한다. 통계적인 방법으로 분자들의 불규칙한 운동을 연구한 것이 열역학 발달에 결정적이었다.

온사거의 역관계는 비가역 과정의 열역학 연구를 가능하게 한 진보된 법칙이라고 말할 수 있다. 설탕과 차의 경우에 확산 과정에서 일어나는 현상에서 흥미로운 것은 설탕과 열의 이동이다. 그 과정들이 동시에 일어날 때 서로에게 영향을 준다. 즉 온도 차이는 열의 흐름뿐만 아니라 분자들의 흐름에도 영향을 주는 원인이 된다.

온사거는 흐름을 설명하는 식의 적당한 형태로 쓰여지면 이 식의 계수들 간에 단순한 관계가 존재한다는 것을 그의 연구를 통하여 증명하였다. 이 관계들, 즉 역관계가 비가역 과정들에 대한 완벽한 이론적 설명을 가능하게 한다.

온사거는 한 시스템에서 요동의 통계적인 계산과 기계적인 계산으로부터 출발하였는데, 이것이 시간에 대해 대칭인 운동의 단순한 법칙에 기초가 될 수 있었다. 더욱이 그는 요동에서 평형으로의 복귀가 앞서 언급한 이동식에 따라 일어난다는 독립된 가정을 만들었다. 아주 능숙한 수학적 분석과 함께 거시적이고 미시적인 개념의 조합으로 현재 온사거의 역관계라 불리는 상관관계를 얻게 된 것이다.

38

비평형열역학에 대한 연구

(1977년 화학상)

▌일리야 프리고진(1917~2003)

열역학의 역사는 19세기 초로 거슬러 올라간다. 원자설의 수용으로, 우리가 열이라고 부르는 것이 단순히 물질의 가장 작은 요소들의 움직임이라는 견해가 널리 수용되기 시작했다. 그다음엔 증기 엔진의 발명으로 열과 역학적인 일 사이의 상호작용에 관한 정확한 수학적 연구가 더욱 필요하게 되었다.

과학 연대기분만 아니라 중요한 단위의 용어로 이름을 남긴 몇명의 뛰어난 과학자들이 19세기에 열역학이 빠르게 발전하는데 기여하였다. 원자량의 단위에 그 자신의 이름을 붙인 돌턴 말고도, 자신들의 이름을 힘, 에너지, 그리고 절대온도 0도에서 계산된 절대온도에 남긴 와트, 줄, 그리고 켈빈이 있다. 주요한 업적들이 또한 헬름홀츠, 클라우지우스, 그리고 기브스에 의해 이루어졌는데, 이들은 원자와 분자의 운동에 통계역학적 접근을 적용하여 우리가 통계열역학이라고 부르는 열역학과 통계역학의 합성분야를 만들어 냈다. 그리고 그들의 이름이 몇 개의 중요한 자연법칙에 붙여졌다.

이러한 발전 과정에서 금세기 초에 하나의 결론이라 할 수 있는 어떤 것이 나타났고, 열역학은 진화가 완전히 이루어진 과학의 지류로 여겨지기 시작했다. 그러나 그것은 제한적이기 일쑤였다. 대부분의 경우에 그것은 가역반응, 즉 평형상태를 통해서 일어나는 과정만을 다룰 수 있었다. 열과 전기를 동시에 전달하는 열전기쌍과 같이 단순한 비가역 계조차도 온사거가 1968년 노벨 화학상을 받은 역관계를 개발할 때까지는 만족스럽게 다루어지지 않았다. 이 역관계는 비가역과정의 열역학 개발에 커다란 진보였다. 그러나 이것은 평형에 가까운 계에만 적용될 수 있는 선형근사를 전제로 하였다.

프리고진의 위대한 공헌은 평형에서 아주 먼 상태의 비선형 열역학에 관한 만족할 만한 이론을 성공적으로 개발한 것이다. 이 과정에서 그는 완전히 새롭고 예기치 못한 형태의 현상과 구조를 발견했다. 그 결과 이 일반화된 비선형 비가역 열역학은 이미 넓고 다양한 분야에서 놀라운 활용성을 보여 주었다.

프리고진은 질서구조, 예를 들면 생물계가 무질서 상태로부터 어떻게 만들어지는지를 설명하는 문제에 특히 매료되었다. 온사거의 관계식이 이용되더라도 열역학에서 평형에 관한 고전 원리는 여전히 평형에 가까운 선형 계는 항상 교란에 대해 안정한 무질서 상태로 된다는 것을 보여 주며, 질서구조가 생기는 것을 설명할 수 없었다.

프리고진은 비선형 반응속도법칙을 따르는 계, 즉 주변 환경과 접촉하고 있어서 에너지 교환이 일어나는 열린 계를 선택하여 연구했다. 만일 이러한 계들이 평형에서 아주 멀리 벗어나면 완전히 다른 상황이 된다. 즉 시간과 공간에서 질서를 보이며 교란에 대해 안정한 새로운 계로 된다. 프리고진은 이러한 계를 소산계라고 불렀다. 왜냐하면 이 계는 환경과의 열 교환 때문에 일어나는 소산과정에 의해서 만들어지고 유지되며, 열 교환이 끝나면 사라지기 때문이다. 이 시스템은 환경과 공생관계에 있다고 할 수 있다.

교란에 대해 안정한 소산구조를 연구하기 위해서 프리고진이 사용한 방법은 대단히 중요하다. 예를 들면 그것은 도시의 교통란, 곤충 사회의 안정성, 질서 정연한 생물학적 구조의 발전, 그리고 암세포의 성장과 같이 변화하는 문제들의 연구를 가능하게 하였다.

즉 비가역적 열역학에 관한 프리고진의 연구는 과학을 근본적으로 변형하고 새로운 생명력을 불어넣어 주었으며, 과학에 새로운 연구성을 부여하고 화학, 생물, 그리고 사회과학 분야 사이의 틈을 연결하는 이론을 창조하였다.

39

플러렌의 발견

(1996년 화학상)

▌로버트 컬(1933~   )
▌해럴드 크로토(1939~   )
▌리처드 스몰리(1943~   )

우리는 화학원소에 대해 필요한 가치가 있는 것은 이미 다 알고 있고, 특히 가장 완벽하게 연구된 원소 중 하나인 탄소에 관한 한 더 이상 중요한 발견은 있을 수 없다고 생각했다. 탄소는 선사시대 이후로 그을음, 석탄, 그리고 숯으로 알려져 왔다. 18세기 말에는 흑연과 다이아몬드가 탄소의 또 다른 형태라는 사실이 밝혀졌다. 탄소는 수없이 많은 방법으로 사용된다. 예를 들면 연료로써 석탄을 대량으로 연소하고, 제철공정에서 코크스를 사용하고, 그리고 윤활

제, 연필, 브레이크 라이닝 등에 흑연을 사용하고 있다. 다이아몬드라 불리는 희귀한 형태는 미적 기능 이외에도 수많은 다른 용도로 쓰이고 있다. 일반적인 자동차 타이어는 3킬로그램의 카본블랙을 포함하며, 활성화된 탄소는 아주 다양한 분야에서 유용하게 쓰인다. 그래서 탄소는 모든 생활의 기초이며 우리 모두에게 매우 중요하다.

컬, 크로토 그리고 스몰리가 60개의 탄소원자가 봉합된 껍질 모양으로 이루어진 새롭고 안정된 탄소형태를 발견했다고 1985년 발표한 일은 과학계에 더할 나위 없는 감동과 반향을 불러일으켰다. 그들은 이 새로운 탄소 분자를 벅민스터풀러렌이라고 이름 지었다. 이것에 있는 탄소원자가 어떻게 서로 연결되어 있는지 이해하려면 축구공 표면의 무늬를 연상할 필요가 있다.

축구공은 12개의 검은색 오각형과 20개의 흰색 육각형이 서로 같은 도형끼리는 접하지 않는 형태로 꿰매 있어서 60개의 꼭지점을 가진 대칭적 구조가 된다. 이제 60개 꼭지점 각각에 탄소원자를 위치시키면 벅민스터플러렌이 어떤 모양인지 알 수 있다. 그리고 이것은 축구공보다 3억 분의 1 정도로 작다.

벅민스턴플러렌, 즉 C_{60}의 발견은 레이저로 50억분의 1초 안에 탄소의 아주 적은 양을 기화시키는 첨단 장비의 사용으로 이루어졌다. 뜨거운 탄소기체가 농축되면 여러 개의 탄소원자를 포함하는 덩어리들이 형성되는데 60개의 탄소원자들을 가진 덩어리가 가장 많이 발견된다. 이 다양한 탄소분자들은 C_{60}과 같은 안정성을 보였으며 또한 봉합된 형태로 생각되었다.

이 모든 덩어리들의 총체적인 이름이 풀러렌스였다. 칼륨이나 세슘과 같은 금속원자가 안쪽 공간에 들어 있는 풀러렌스를 만드는 것도 가능했다. 이 실험에서 문제가 되는 것은 제안된 구조를 정확하게 증명할 수 있을 만큼 충분한 양의 풀러렌스를 얻을 수 없다는 것이었다. 따라서 1985년부터 1990년까지 과학적 논쟁이 들끓었지만, 그러한 심한 비판에도 불구하고 풀러렌스 발견자들은 인내심과 독창력 그리고 열의를 가지고 그들의 가설을 꿋꿋하게 지켜 냈다. 1990년에야 물리학자 도널드 휴프먼과 볼프강 크레치머가 어느 실험실에서나 빠르고 값싸게 재현할 수 있는 방법을 이용하여 1그램 정도의 C_{60}를 만들 수 있었다. 이렇게 만든 것을 가지고 구조결정 장치를 사용하여 C_{60}이 정말로 발견자들이 가정한 구조를 가지고 있는지를 증명해 보였다. 화학자들은 풀러렌스 화학을 연구하기 위해 빠르게 모여들었다. 그리고 풀러렌스 화학과 풀레렌스 물리에 관련된 다양한 응용성을 시험해 볼 수 있었다.

풀러렌스가 왜 이토록 중요하고 흥미로운 것인지를 이해하려면 다른 형태의 탄소구조를 살펴보아야 한다. 흑연은 서로의 위에 쌓아 올린 매우 크고 평평한 망상구조를 이루면서 함께 결합된 탄소원자로 구성되어 있다. 반면에 다이아몬드는 끝없는 삼차원의 망상조직으로 결합된 탄소원자로 구성되어 있다. 둘 다 우리가 보통 거대분자라고 부르는 것들의 예이다. 이와 같은 형태의 탄소를 사용하여 적용할 수 있는 화학은 상당히 제한적이며 다이아몬드의 경우 무척 비싸다. 그러나 풀러렌은 화학적으로 반응할 수 있고 수많은 방식으로 변형될 수 있는 봉합된 작은 분자구조를 가진다.

대칭 개념은 자연과학과 사상의 역사에서 중요한 역할을 해왔다. 이 개념은 많은 중요한 이론을 이끌어 왔고 과학적 사고에 강력한 추진력이 되어 왔다. C_{60}의 아름다운 구조에 매료당하는 느낌은 인간이 자연현상을 골똘히 생각하던 때부터 이어져 온 것이다.

40

양자화학 계산방법의 개발

(1998년 화학상)

▌ 월터 콘(1923~   )
▌ 존 포플(1925~2004)

원자는 핵과 전자들로 이루어져 있으며, 전자의 운동은 양자역학 법칙으로 기술할 수 있다. 이 법칙이 완성되자마자 연구자들은 이 법칙 속에 화학결합에 대한 설명이 포함되어 있음을 간파했다. 즉 양자역학 식들을 풀 수 있다면 원자들이 어떻게 결합하여 분자를 형성하는지를 설명할 수 있을 것이고, 분자들이 왜 그런 형태인지, 어떤 특성이 있는지, 그리고 다른 분자들과 어떻게 반응하는지를 모두 설명할 수 있다는 것을 알고 있었다.

그러나 그 계산을 해내는 것은 쉽지 않았다. 식들은 너무 복잡해서 가장 간단한 경우에만 풀 수 있었다. 따라서 양자역학을 화학현상에 적용하는 연구의 발전은 속도가 매우 더뎠으며, 과학자들이 컴퓨터를 사용하기 시작한 1960년대 초반이 되어서야 이 분야의 발전이 가속되기 시작했다. 존 포플은 이런 발전의 초창기에 컴퓨터의 잠재력을 이해한 과학자들 중 한 명이었다. 그는 분자의 구조나 화학결합 에너지 등 중요한 특성들을 계산할 수 있는 효과적인 방법이 개발된다면, 그리고 보통의 화학자들이 손쉽게 그 방법을 사용할 수 있게 된다면, 양자화학이 화학에서 매우 중요한 역할을 하게 될 것임을 알고 있었다. 존 포플의 결정적인 개발과 거듭된 개선으로 이 조건이 충족되었다. '가우시안'이라는 이름의 컴퓨터 프로그램이 그것이다. 이 프로그램에는 더욱더 정교한 근사법으로 양자역학 식들을 푸는 이론적 모델이 포함되어 있다. 오늘날 포플의 방법을 전 세계의 대학과 산업체에서 수천 명의 과학자들이 화학과 생리학의 다양한 문제를 연구하는 데 사용하고 있다.

포플이 개발한 방법은 양자역학 식의 근사해를 찾는 것으로, 모든 전자의 움직임을 기술하는 이른바 파동함수 자체를 구하는 것이다.

반면 월터 콘은 1964년과 1965년에 두 개의 기념비적인 논문을 통하여 양자역학 시스템 에너지와 전자밀도가 1대1의 상관관계를 가지고 있음을 밝혔다.

모든 전자들의 위치 좌표들로 표시되는 파동함수에 비해 단지 하나의 위치 좌표로 표시되는 밀도함수가 도입됨으로써 문제가 훨씬 다루기 쉬워졌다. 또한, 그는 에너지와 전자밀도를 결정할 수 있는 일련의 방정식들을 세울 수 있는 방법을 개발하였다. 밀도함수론이라고 부르는 접근 방법이 폭넓은 계산 도굴 발전하여 왔으며 화학에서 많은 응용 예를 가지고 있다. 이 방법은 계산이 간단하기 때문에 파동함수에 기반을 둔 방법보다 더 큰 분자들에 적용될 수 있다. 그리고 밀도함수이론으로 효소의 화학반응 메커니즘을 연구할 수 있었는데, 예를 들면 광합성에서 물이 산소로 변하는 것이다. 이 두 명의 계산방법의 개발은 양자화학의 새로운 지평을 열었다.

41

말라리아에 관한 연구

(1902년 생리의학)

▌로널드 로스(1857~1932)

나라와 분야를 막론하고 모든 의학 연구자들에게는 궁극적으로 하나의 목표가 있다. 즉 인체와 그 내부에서 일어나는 일련의 반응들, 그리고 인체에 해를 끼치는 요인들과 그 방지책에 관해 더 완전한 지식을 얻고자 하는 것이다. 따라서 모든 의학 연구자들은 한마음으로 이 목적을 추구하며, 하나의 동료의식으로 묶여 있다. 그럼에도 불구하고 각 분야들 사이에는 상당한 거리감이 있으며, 이는 연구자들에게 멀리 내다봄으로써 연구를 더욱 발전시킬 수 있는 지혜를 요구한다.

이 지구 상에 존재하는 질병의 종류와 심각성은 지역에 따라서 다르게 나타난다. 말라리아는 매우 넓은 영역에서 창궐하는 질병이 되었으며 국가의 발전에 큰 걸림돌이 되고 있다.

따라서 많은 연구자들은 오래전부터 말라리아의 원인과 그것이 인체 조직 속으로 침투하는 방법에 관해, 그리고 이 질병을 예방할 수 있는 방법을 찾기 위해 연구해 왔다. 하지만 그 해답을 찾는 것은 매우 어려웠다.

프랑스 육군의 외과 의사인 라베랑은 말라리아에 관한 중요한 발견을 하였다. 그는 말라리아 환자의 혈액에서 하등 생물체를 발견하였고, 그 하등 생물체가 말라리아라는 기생충 질병을 유발한다는 사실을 알게 되었다.

그 후로 20년간 말라리아에 대한 연구는 주로 라베랑의 발견에 기초하여 이루어졌다. 그리고 이 연구들을 통해 중요한 사실들이 새롭게 발견되었다. 혈액 속에는 다양한 형태의 말라리아 기생충이 존재하며, 각각의 형태에 따라 서로 다른 질병이 유발된다는 것을 알게 되었다.

적혈구와 기생충의 관계도 밝혀졌으며, 기생충이 혈액 내에서 어떻게 변신하는지도 알게 되었다. 이탈리아의 학자인 골지는 말라리아 증상이 나타나는 주기가 혈액 속에서 번식하는 기생충에 따라 다르게 나타난다는 중요한 사실을 밝혀내기도 하였다. 이와 같은 종류의 기생충은 다른 포유류 또는 조류의 혈액에서도 발견되었다.

하지만 말라리아 기생충이 인체 외부에서 어떻게 생존하는지, 그리고 사람의 혈액으로 어떻게 침투하는지에 대해서는 알 수 없었다.

일부에서는 잘 알려진 다른 기생충들처럼 말라리아 기생충도 사람의 혈액 외부에서 다른 생물에 기생하는 형태로 존재할 것이라고 가정했다. 하지만 환자의 분비물이나 배설물에서 말라리아 기생충은 발견되지 않았다. 따라서 흡혈 곤충들이 인간의 혈액 속으로 기생충을 옮김으로써 그 안에서 기생충이 번식하게 된다는 제안이 좀 더 설득력을 얻게 되었다. 이런 이유로 모기가 말라리아를 퍼뜨리는 주범으로 지목되었고, 마침내 말라리아의 발병에 모기가 결정적인 역할을 한다는 것이 증명되었다. 이는 전통적 추론이 과학을 앞지른 대표적인 경우라 할 수 있다.

말라리아에 관한 모기 이론은 오래전 킹 박사가 제안한 적이 있었다. 그러나 이 이론은 역학적 관찰에 의한 제안에 불과했으며, 다른 증거가 없었기 때문에 그저 추측에 머무를 뿐이었다. 1890년대 초 이탈리아에서 이 이론을 증명하기 위한 실험이 시도되었지만 미미한 기능성만을 보여 줄 뿐이었다. 따라서 이런 식의 접근은 문제 해결에 아무런 도움이 되지 못했다.

그러던 중 영국의 패트릭 맨손은 이 문제에 대한 결정적인 해결책을 제시하였다. 피를 흘리면 기생충의 외관에 변화가 생기는데, 맨손은 이 변화가 인체 외부에서 기생충이 살아가는 첫 번째 단계라고 생각했다. 그 후 미국의 병리학자인 매컬럼은 이 현상이 기생충의 번식을 의미한다는 것을 알게 되었다. 맨손은 혈액 내에 존재하는 기생충의 하나인 필라리아라는 작은 벌레에 대한 경험을 바탕으로 모기가 옮기는 또 다른 기생충들을 발견하였다.

그중에는 특정 모기에 의해서만 옮겨지는 것들도 있었다. 말라리아에서 시작된 관찰과 자신의 연구가 말라리아 문제를 해결할 것이라는 기대로 멘손은 보다 활발하게 연구하였으며, 마침내 모기 이론을 정립하였다. 하지만 영국에 살던 멘손은 이를 실험할 기회가 없었으며 이 문제는 인도에서 해결되었다.

영국군의 의사로서 인도에서 근무하던 로널드 박사는 멘손 박사의 영향을 받아 실험을 하였다. 그는 실험실에서 부화시킨 모기가 말라리아 환자를 물게 한 뒤, 그 모기 속에 존재하는 기생충을 관찰하였다. 처음 2년여에 걸친 실험은 주도면밀하게 진행되었음에도 불구하고 약간의 가능성만을 확인하는데 그쳤다. 그러나 1897년 8월, 드디어 목표에 한 걸음 다가서게 되었다. 흔치 않은 모기종을 이용해 실험하던 그는 모기의 위벽에서 기생충이라고 생각되는 것을 발견하였으며 이것이 인간 말라리아 기생충의 진화된 형태라고 생각하였다.

인간 말라리아 기생충에 대한 연구가 곤란해지자 로스 박사는 같은 종류의 조류 말라리아 기생충으로 연구를 계속했다. 그 결과 조류 말라리아 기생충에 관한 연구들을 통해 이에 상응하는 인간 말라리아에 관한 사실들을 확인할 수 있었다. 뿐만 아니라 모기의 몸속에서 조류 말라리아 기생충의 발달 과정을 증명하는 데에도 성공하였다.

말라리아 기생충은 모기의 위벽에서 수정이 일어나면서 성장하기 시작한다. 수정 후 태어나는 기생충은 위벽으로 침투하고 그 안에서 몸체에 구멍이 나 있는 단추 같은 형태로 자라난다. 여기에서 생겨난 수 없이 많은 가늘고 긴 원충은 구조물이 파괴되면서 모기의 체강으로 빠져나오게 되면서 타액선이나 독선에 축적된다. 이런 모기에 물리면 모기의 입과 연결되어 있는 타액선이나 독선에 있는 기생충이 옮는 것이다. 이때 모기에 물린 사람이 기생충에 민감하다면 말라리아가 발병한다.

말라리아에 대한 로스의 발견은 일련의 중요한 연구들을 이끌어 내는 역할을 하였다. 이탈리아의 그라시는 비그나미, 바스티아넬리와 함께 인간 말라리아 기생충을 연구하였다. 그들은 로스가 발견한 인간 말라리아 기생충의 초기 단계를 증명했을 뿐만 아니라 이 기생충이 조류 말라리아 기생충과 동일한 방법으로 모기 몸속에서 성장한다는 것도 증명하였다. 이 외에도 그라시는 사람의 말라리아 발병에 중요한 모기종을 밝혀내는 데 성공하였다. 로스와 그라시, 코흐가 수행한 연구들 외에도 수많은 사람들에 의해 매우 가치 있는 연구들이 이루어졌으며 이로 인해 우리는 말라리아 기생충에 대해 더 많은 것을 알게 되었다.

그리고 이 지식들은 말라리아의 예방과 치료 연구에 매우 중요한 자료로 이용되었다. 로스의 연구는 말라리아에 관한 연구들의 기반이 되었으며 실용의학이나 위생학에서도 매우 중요한 과학적 가치가 있다.

42

결핵에 대한 연구

(1905년 생리의학)

▌하인리히 코흐(1843~1910)

파스퇴르는 획기적인 연구로 세균학의 기초를 완성하였고, 리스터의 무균 상처치료법으로 의학은 기술적인 면에서도 크게 발전하였다. 이러한 세균학의 분야에서 코흐는 선구자였다.

탄저병과 티푸스는 모두 독특한 외형의 미생물이 원인이다. 그럼에도 불구하고 세균과 질병의 인과관계에 대해서는 알려진 바가 없다. 미생물이 질병을 일으킨다는 근거는 분명히 있다. 하지만 이에 대한 자세한 지식이 부족할 뿐 아니라 실험적으로 발견된 것도 별로 없다. 건강한 장기에 세균성 병원균이 존재하는 것인지에 대해서도 알지 못한다. 이것은 저명한 연구자들 사이에서도 논쟁의 대상이 되었으며, 또 다른 연구자들로부터는 지지를 받았다.

그러나 이 질병에서 관찰된 세균이 과연 이 질병의 원인인지, 또는 이러한 연구가 병리학적으로 연구되어야 하는 것인지는 여전히 알 수 없었다. 게다가 한 가지 또는 동일한 질병이라 해도 연구자에 따라 미생물이 발견되기도 하고 발견되지 않기도 하였다. 그뿐만 아니라 특정 질병에서 여러 연구자가 관찰한 세균들도 종종 외형들이 달라, 이들이 질병의 직접적인 원인이라는 것을 확신할 수가 없었다.

심지어 전혀 다른 질병에서 같은 종류의 세균이 발견되었다는 사실은 세균과 병리학의 인과관계에 관한 의심을 증폭시켰다. 부분적으로 똑같은 질병이 동일한 세균 때문에 일어나는 것처럼 보이기도 하고, 부분적으로 같은 세균이 전혀 다른 질병을 일으키는 것처럼 보이기도 했기 때문에, 발견된 세균이 질병의 본질적인 원인이라고 예측하기에는 무리가 있었다. 그것보다는, 모든 세균이 유기체에 영향을 미쳐서 질병을 일으킨다고 가정하는 것이 훨씬 쉬웠다. 실험으로도 세균이 유기체를 침범한다는 사실을 증명할 수 없었으므로 불확실성은 더 커질 수 없었다. 코흐는 1876년부터 탄저균 연구를 위해 세균학을 공부하기 시작했으며, 2년 후에는 상처로 생기는 질병에 대해 연구하였다.

이 연구에서 설정한 견해와 제기한 의문은 그의 세균학 연구가 발전하는 계기가 되었다. 그는 또한 위생에 관한 원칙을 확립하고 창의적인 연구를 지속함으로써 현대 세균학의 기초를 정립하였다.

그는 실제로 세균이 질병을 일으킨다면 그 세균은 항상 질병에 걸린 개체에서 발견되어야 하며, 이 세균의 병리학적인 과정을 설명할 수 있어야 한다고 주장하였다.

하지만 그는 모든 세균이 일반적으로 질병을 유발하는 것은 아닐 수도 있음을 또한 강조하였다. 오히려 각각의 세균이 갖는 특이한 성질을 찾아내고자 했다. 만일 어떤 세균이 형태상으로는 다른 세균과 유사할지라도, 생물학적 성질은 서로 다르다. 다시 말해, 모든 질병은 각각의 독특한 세균이 원인이라는 것이다. 따라서 질병에 맞서 싸우기 위해서는 세균생물학에 관해 알아야만 한다.

코흐는 세균이 어떻게 질병을 유발하는지를 연구하였을 뿐만 아니라, 특정 질병에 관련된 미생물을 발견하고 그 미생물에 대하여 많은 것을 알기 위해 노력하였다. 그 당시에는 이와 같은 연구에 대한 기대가 매우 낮았다. 코흐는 이 문제를 해결하는 선구자였으며 이미 그 해결의 열쇠를 가지고 있었다.

이와 같은 연구에서 일반적인 방법론을 세우는 것은 각각의 특별한 경우에 알맞은 기술을 발견하는 것만큼 중요하다. 코흐는 이런 부분에서 천재적인 재능을 발휘하여 새로운 길을 개척하였고 이는 현재까지 이어지고 있다. 또한, 그는 고체 배지 위에 여러 종류의 미생물들이 각각 콜로니를 형성하도록 성장시켜 순수한 미생물을 분리해 배양할 수 있는 방법을 개발하였으며 이 방법은 지금도 일반적으로 사용한다.

상처의 감염이 질병으로 진행되는 과정에 관한 보고서를 발표한 직후에, 코흐는 베를린의 보건부에 소속되었다. 그곳에서 그는 결핵, 디프테리아, 티푸스 등과 같은 중요한 질병에 관한 연구를 시작하였다. 그는 주로 결핵을 연구하였고, 후자의 두 가지 질병에 대한 연구는 두 명의 학생과 보조원인 로플러와 가프키에게 맡겼다. 그들은 이 세 가지 질병에서 발견한 특정 세균에 관해 자세하게 연구하였다.

코흐가 수행한 연구와 두 학생이 진행한 연구, 그리고 코흐가 간접적으로 수행한 연구들은 지난 수십 년간에 걸쳐 이루어진 세균학의 발전을 고스란히 담고 있다. 코흐는 또한 이집트와 인도에서 콜레라를 일으키는 기생충을 연구하여 콜레라 병원균을 발견하고 이 병원균의 생존 조건을 밝혀냈다. 이로부터 얻은 경험들은 이 치명적인 질병의 예방과 치료에 실질적으로 응용되었다. 또한, 코흐는 사람에게 나타나는 페스트, 말라리아, 열대 이질 및 이집트 눈병에 관해서도 연구하였다. 그리고 열대 아프리카에서 티푸스에 관한 연구도 수행하였다. 또한, 그는 우역, 수라 질병, 텍사스 열병, 그리고 해안 열병과 체체파리가 전염시키는 트리파노소마 질병 등과 같이 주로 열대지방의 소에게 발생하는 치명적인 열대병을 연구하였다.

그는 미생물의 배양과 분리방법을 완성하였고 이를 통해 실질적인 위생에 매우 중요한 소독제 및 살균방법, 그리고 콜레라, 티푸스 및 말라리아 등과 같은 전염병의 조기 탐지 및 치료에 관한 연구를 수행할 수 있었다.

43

면역에 관한 연구

(1908년 생리의학)

▌일리야 메치니코프(1845~1916)
▌파울 에를리히(1854~1915)

질병예방을 위해서는 병원균을 발견하고 파괴하여 병원균의 공격을 막아낼 수 있는 신체의 힘을 길러야 한다. 우리는 감염성 질병을 앓은 유기체가 동일한 질병에 대해 방어력을 갖게 된다는 사실을 알게 되었다. 이것을 일컬어 유기체가 그 질병에 대한 면역력이 생겼다고 말한다. 그러나 실질적으로 일어나는 면역반응을 현실적으로 관찰할 수는 없다. 뿐만 아니라 유기체로 하여금 질병에 대한 위험부담 없이 그 병원균에 노출되어 그에 대한 저항력을 가지게 힐 수 있는 능력도 없다. 따라서 에드워드 제너가 상상할 수도 없을 만큼 강한 파괴력을 가진 천연두를 예방할 수 있는 우두 백신을 개발한 것은 의약품의 역사에 획기적인 사건이 아닐 수 없다.

제너의 이러한 발견은 현실적으로도 매우 중요한 의미가 있다. 하지만 여기에서부터 다른 질병에 대한 면역 연구나 일반적인 면역학적 통찰을 이끌어 내지는 못했다. 면역학 연구가 성공적인 과학적 발전으로 거듭나기 위해서는 무언가 필수불가결한 것이 부족했다. 면역 문제를 실질적이고 과학적인 방법으로 연구하기 위해 가장 중요한 것은 병의 근원을 밝히는 것이었다. 현재와 같은 면역학의 탁월한 발전은 제너가 우두 백신을 발견한 데서 비롯되었다.

그 이후로도 파스퇴르, 코흐 등의 획기적인 연구들이 계속되었다. 유기체를 공격하여 그 안으로 침투한 후 스스로 자생하며 자라남으로써 병을 유발하는 미생물을 물리치는 과정을 처음으로 실험한 연구자는 바로 메치니코프였다. 처음에는 주로 물벼룩처럼 하등동물인 수중동물의 감염에 관해 연구하였다. 그리고 뒤이어 그 감염 원리를 밝혀냄으로써 이 같은 연구들은 집중적인 관심을 받기 시작했다. 이 연구들로 면역 현상을 이해할 수 있게 되었고 포유동물, 그리고 인간에 대한 연구로 이어갈 수 있었다. 그리고 마침내 메치니코프는 포식 이론을 발표하게 된다.

이 이론에 의하면, 유기체 내 세포는 미생물을 파괴한다. 인간이나 동물의 몸속에 존재하는 이 세포들은 침투한 병원균을 잡아서 파괴하고 무해하게 만든다.

포식 이론을 탄생시킨 의미 있는 연구들을 여기서 모두 말씀드릴 수는 없다. 그러나 포식 이론에 관한 연구는 어떤 한 세포에 관한 특이적 연구라는 점, 그리고 면역 현상에서 세포의 중요성을 강조한 첫 번째 연구라는 점에서 매우 중요한 의미를 갖는다. 면역에서 세포의 중요성을 언급한 수많은 연구들의 가치는 앞으로도 오랫동안 높이 평가받을 것이다. 면역학도 생물학의 다른 분야와 마찬가지로 유기체의 생명활동 중에서 세포의 활동을 가장 중요하게 생각하기 때문이다.

다른 생물학적 과정과 마찬가지로 복잡한 면역 현상에 대해서도 다양한 연구가 가능하다. 질병에 대한 방어에는 두 가지 형태가 있다. 하나는 미생물을 직접 파괴할 수 있는 능력이며 또 다른 하나는 이들 미생물이 더 이상 자라지 못하도록 방해하는 능력이다.

이와 같은 것들을 세균 파괴 면역이라고 한다. 그러나 이 외에도 세균이 생성하는 물질이 작용하는 또 다른 종류의 방어가 있다. 세균은 유기체 안에서 어떤 독성물질을 생성하고 이 물질은 유기체의 체액을 따라 퍼져 나가며 면역반응을 일으킨다. 그 예로 항디프테리아 혈청에 의한 면역반응이 가장 많이 알려져 있다. 이 혈청주사를 통해 유기체 내로 주입된 물질은 디프테리아 독에 대한 항독소로 작용한다. 세균이 생성하는 독소는 오로지 항독소를 생성하도록 유도하는 역할만을 하며 이로 인해 유기체가 생성하는 항독소를 일컬어 우리는 항체가 형성되었다고 이야기한다. 이와 같은 면역반응이 일어나면 생성된 항체들은 유기체의 체액에 존재하면서 질병을 유발하는 병원균 자체에 대한 방어능력을 수행하게 되며 매우 중요한 의미를 갖는다.

항체는 왜 모든 외부 물질이 아닌 어떤 특정 물질에 대해서만 생기는 것일까? 그리고 항체는 어디에서 생기는 것일까? 또 어떤 과정으로 형성되는 것일까? 이들 항체의 성질과 구조는 어떠할까? 이 항체들은 병원균이나 독소에 대해 어떻게 작용하는 것일까? 이 외에도 우리는 면역이론의 실질적인 응용과 발전에 관해 수많은 의문점을 갖고 있으며 면역이론과 일반적인 생리작용의 상호 관계는 또 하나의 커다란 관심사이다. 이런 문제들을 집중적으로 다룬 훌륭한 연구들이 많이 수행되었고, 수많은 연구자들은 이러한 문제들을 과학적으로 밝혀냈다. 파울 에를리히는 면역학에 관해 헌신적으로 연구하였고 중요한 과학적 진보를 이끌어냈다.

44

인슐린의 발견

(1923년 생리의학)

▌ 프레더릭 밴팅(1891~1941)
▌ 존 매클라우드(1876~1935)

셀수스와 아레테우스는 1세기경 자신들의 저서에서 다뇨, 심한 갈증, 심각한 체중손실 등이 주요 증상인 질병을 묘사하였는데, 이 것이 바로 오늘날의 '당뇨'이다. 이처럼 이 질병에 대해서는 오래전부터 알고 있었지만, 17세기가 되어서야 비로소 영국의 토마스 윌리스에 의해 환자의 소변에 당과 같은 물질이 포함되어 있다는 중요한 사실을 알게 되었다. 그리고 다시 100년이 되어서야 영국의 돕슨은 소변에서 문세의 당이 어떤 종류인지를 일아내었다. 이 발견으로 인해 설명할 수 없던 질병을 올바르게 연구할 수 있게 되었지만 실질적인 진보가 이루어지기까지는 꽤 오랜 시간이 걸렸다. 그 당시에는 이 당을 해당 유기체에 이질적인 물질이며 질병 상태에서만 생성된다고 생각했다.

1827년 타이드만과 그멜린은 정상적인 조건에서 녹말성 식품은 소장에서 당으로 바뀌고, 이것이 혈액으로 흡수된다는 중요한 사실을 관찰함으로써 이 연구는 한 단계 발전할 수 있었다. 그러나 정말 획기적인 사건은 1857년에 프랑스의 위대한 생리학자 베르나르의 발견이었다. 베르나르는 간은 전분 같은 물질, 즉 글리코겐을 저장하는 기관이며, 살아 있는 동안 이 기관으로부터 당이 일정하게 생성된다는 것을 밝혔다. 즉 간에서 혈액으로 당이 분비된다는 것이다.

당의 생성에 영향을 미치는 조건에 대한 연구와 관련하여, 베르나르는 실험을 통해 신경계의 어떤 병소에서 혈중 당성분이 증가되는 것과 이 당이 소변으로 배출된다는 것을 관찰할 수 있었다. 이것은 일시적이기는 했지만, 소변에서 당을 검출하여 당뇨를 확인한 최초의 실험이었다. 결과적으로 베르나르의 이 발견은 당뇨병의 성질과 원인에 대한 일련의 실험이 시작되는 계기가 되었다.

이보다 앞서 병리학자들은 심각한 당뇨병으로 사망한 환자의 부검에서 췌장이 병들어 있는 것을 관찰한 적이 있었다. 베르나르는 이 점에 주목하였지만, 당뇨를 인위적으로 유도하는 데에는 실패했다.

그는 췌장에서 소장으로 이어지는 분비관을 막아도 보고 응고성 물질을 췌장에 주사해 보기도 하였다. 수술로 췌장 전체를 제거하는 것은 기술적으로 불가능하다고 생각하였다.

그러므로 1889년에 독일의 두 과학자 폰 메링과 민코프스키는 개에서 췌장을 떼어내는 수술에 성공하였을 때, 이는 커다란 관심을 불러일으켰다. 수술한 동물은 소변으로 당을 분비하였을 뿐만 아니라 본질적으로 사람에게 나타나는 급성 당뇨병 증세와 아주 비슷한 증세를 나타냈다. 어느 정도까지는 혈중 당의 함량이 정상치 이상으로 증가하는 것, 그리고 질병으로 인한 독성으로 사망에 이를 수밖에 없는 것도 비슷했다. 만약 췌장의 일부가 남아 있다거나, 췌장의 아주 작은 부분이라도 피부 밑에 꿰매어 놓는다면 당뇨는 발생하지 않았을 것이다.

따라서 췌장을 완전히 제거한 뒤 체내 당을 조절하는 기능이 상실되는 것은 췌장액이 소장으로 이동하지 못하기 때문이 아니라 이 기관의 어떤 기능에 문제가 생겼기 때문이라는 것이 명백하게 밝혀졌다.

1880년의 연구들 중에 프랑스의 브라운 시커드의 연구는 어떤 것보다도 많은 관심을 받았다. 그는 분비기관과 유사하지만 관이 없는 장기의 생명유지 기능에 대해 연구하였다. 이와 같은 장기들은 혈액과 유효한 화학 물질을 포함한 조직액을 통해 그 효과를 나타낸다. 우리는 이 유효물질을 호르몬이라고 부른다. 이 분비선 자체는 관이 없기 때문에, 내분비선 또는 내부적으로 분비하는 기관이라고 부른다. 췌장은 분비선으로, 관을 통해 분비물을 소장으로 흘리는 방식으로 소화과정에서 중요한 기능을 하게 된다. 그러나 랑게르한스가 오래 전인 1869년에 보여주었듯이, 췌장은 관으로 직접 연결되지 않는 해부학적인 구조를 가지고 있다. 따라서 이것을 일컬어 '랑게르한스의 세포섬'이라고 부르기도 한다. 그리고 1890년 초기에 라게세는 당의 소화에 중요한 내부적인 분비가 이 세포섬에서 만들어진다고 추정하였다.

폰 메링과 민코프스키가 췌장이 당을 조절하고 있으며 당뇨의 발병에 이 기관이 중요하다는 것을 발견한 이후로, 여러 나라에서 많은 연구자들이 췌장에서 당뇨 치료약을 개발하기 위해 노력하였다. 당뇨는 췌장이 호르몬을 생산하지 못하거나 혹은 그 양이 충분하지 않기 때문에 생기는 질병이다. 따라서 병든 췌장에 호르몬을 주입함으로써 병을 호전시킬 수 있다는 생각은 너무나 당연한 것이었다.

실제로 비슷한 내분비 기능을 가진 갑상선의 경우에는 이와 비슷한 것이 잘 알려져 있습니다. 이 연구 과정 중에 많은 실패도 있었지만, 추출물을 만드는 데 성공한 경우도 있었다. 이렇게 만든 추출물을 사람 또는 개의 혈액에 주입하자 혈당이 증가하는 것을 막을 수 있었으며 당이 소변으로 배출되는 증상도 사라지고 체중 증가도 볼 수 있었다. 이와 같은 것들을 연구했던 사람들 중에 특별히 주엘저는 1908년 믿을 수 없을 만큼 효과적인 추출물을 만들었지만 유해한 결과를 보여 치료에 널리 사용되지 못했다. 그 외에도 포쉬바크, 스콧, 멀린, 클라이너, 콜레스크 등을 비롯한 많은 연구자들이 있었다.

런던의 온타리오에 있는 웨스턴 대학교 생리학과의 밴팅은 이를 더욱 발전시키기 위해 아주 중요한 생각을 하게 되었다. 그는 효과적인 추출물을 만드는데 실패한 원인은 이 물질이 췌장 내 분비세포가 생성하는 단백질 분해효소인 트립신이 이 물질에 반대작용을 하거나 이 물질을 파괴하기 때문이라고 생각했다. 따라서 만약 관을 묶어 분비세포를 파괴하고, 남아 있는 일부 선이 원래의 기능을 해준다면 성공할 가능성이 있다고 생각했다.

관을 묶음으로써 위축되는 것은 세포가 아니라 샘이라는 것은 이미 슐츠와 소보레프가 관찰하였다. 밴팅은 이 생각을 토론토의 매클라우드를 비롯한 몇몇 동료 연구자와 공유하였다. 그 중에 베스트와 콜립은 1921년 매클라우드의 지도를 받으며 그의 실험실에서 일을 시작하였다. 당뇨병이 있는 개를 대상으로 한 첫 번째 실험은 성공적이었다. 샤플레리 샤퍼가 인슐린이라고 명명한 이 효과적인 추출물 제조 방법은 콜립이 개량하였다. 그 후에 혈당, 호흡지수, 간의 글리코겐 형성 능력 등에 관한 이 물질의 효과가 입증되었다.

그리고 매클라우드의 지도 아래 수행한 동물실험을 통해 과용량으로 투여된 인슐린은 과도한 혈당 저하를 초해할 위험이 있다는 것도 알게 되었다. 또한 알칼리 용액에서 트립신이 이 호르몬을 파괴한다는 것이 밝혀진 후, 심각한 당뇨를 앓고 있는 14세의 어린 환자에게 인슐린이 처음 주사되었으며 이 처치는 1922년 1월 23일에서 다음 날까지 실행되었다. 그 결과 환자의 혈당은 정상 수준으로 떨어졌고, 소변으로 배설되는 당의 양도 최소한으로 줄었다. 하지만 지방대사의 장애로 당뇨병과 같은 질병에서 종종 대량으로 생성되는 유해한 물질 때문에 산성증이 확인되기도 하였다. 이후로 이 새로운 치료법은 기술적으로 별다른 어려움이 없었기 때문에 여러 나라에서 실질적으로 사용되어 좋은 결과들을 얻었다.

인슐린이 당뇨병을 치료할 수 있는 것은 아니다. 당의 소화에 필요한 호르몬을 만드는 우리 몸 안의 세포가 파괴되는 것이 당뇨의 명백한 원인이기 때문이다. 하지만 인슐린은 심각한 상태의 환자를 회복시킬 수 있는 가능성을 보여 주었다. 엄격히 제한된 식이요법에도 불구하고 치명적인 독성상태에서 끊임없이 위협받고 있는 사람들에게 건강을 회복할 수 있는 희망을 안겨 주었다. 독성상태가 심각해 당뇨 혼수상태가 온 경우에도 인슐린의 효과는 매우 좋았다. 인슐린이 발견되기 전까지는 당뇨 혼수상태의 환자를 도울 수 있는 방법은 아무것도 없었으며 속수무책으로 환자의 사망을 지켜볼 수밖에 없었다.

45

인간의 혈액형 발견

(1930년 생리의학)

▌칼 란트슈타이너(1868~1943)

1900년 란트슈타이너는 혈청학을 연구하다가 한 사람의 혈청이 다른 사람의 혈청에 가해지면 적혈구가 뭉쳐서 크거나 작은 덩어리를 이루는 것을 발견하였다. 이 발견이 계기가 되어 그는 사람의 혈액형을 발견하게 되었다. 그리고 뒤이어 1901년 사람의 혈액형을 각각의 응집력에 따라 세 형태로 나눌 수 있다고 발표하였다. 이 응집력은 다시 두 가지의 특이적인 혈액 세포구조에 의해 보다 자세하게 정의되었다. 이 두 가지 혈액 세포구조는 한 사람 안에서 각각 독립적으로 존재하기도 하고 동시에 함께 존재하기도 했다. 1년 뒤, 1902년에는 폰 드카스텔로와 스털리가 또 다른 형태의 혈액형을 추가로 발견하였다. 이로써 사람의 혈액형은 전부 네 가지가 있음을 알게 되었다.

란트슈타이너의 혈액형 연구를 검증하는 것은 어렵지 않았다. 하지만 그 중요성을 깨닫는 데는 오랜 시간이 걸렸다. 란트슈타이너의 연구가 처음 주목받게 된 이유는 1910년에 발표된 폰둥게른과 허츠펠트의 혈액형의 유전에 관한 연구 때문이었다. 그 후 혈액형은 많은 문명국가에서 중요한 연구 주제가 되었고 규모가 해마다 증가하였다. 이와 관련하여 발표되는 논문마다 불필요한 설명을 반복하지 않기 위해 4가지 혈액형과 이들의 구조에 대한 간단한 표기가 만들어졌다.

혈액 응집 성질이 다른 두 개의 혈액세포 구조를 각각 A와 B라고 표기하고 각각 '혈액형 A', '혈액형 B'라고 명명하였다. 이 두 구조가 한 사람 안에 동시에 존재하는 경우에는 AB라고 표기하였다. 4번째 혈액구조세포는 O라고 표기하였는데 이는 다른 혈액형의 어떤 특징도 갖지 않은 사람들의 혈액형을 의미한다. 란트슈타이너는 일반적으로 한 사람의 혈액에서 적혈구가 응집되는 일은 없다고 했다. 그리고 다른 사람의 혈액이라고 해도 같은 혈액형이면 응집은 일어나지 않는다고 했다. 즉 A 구조의 적혈구를 갖는 사람의 혈청은 같은 A구조는 응집시키지 않지만 B구조의 적혈구는 응집시킬 것이다. 반대로 B구조의 적혈구를 갖는 사람의 혈청은 같은 B구조는 응집시키지 않지만 A구조는 응집시킬 것이다. A와 B 구조를 모두 갖고 있는 AB구조인 경우에는 A, B, AB 구조의 적혈구를 모두 응집시킨다. 그러나 O구조의 적혈구는 일반적인 사람 혈청에는 전혀 응집하지 않는 특징이 있다. 이것이 란트슈타이너가 밝힌 인간의 혈액형에 관한 기본 원리이다.

혈액형의 발견이 갖는 과학적인 의미가 얼마나 중요한 것인지 알려지면서 폰 둥게른과 허츠펠트는 최초로 혈액형의 유전에 관한 연구를 시작하였다. 이와 더불어 여러 나라에서, 그리고 서로 다른 사람들 혹은 다른 인종 사이에서 각 혈액형의 상대적인 발생 빈도를 조사하였다. 각 혈액형은 멘델의 유전 법칙에 따라 유전된다. A, B, AB형은 우성이고, O형은 열성이다. 그리고 부모가 A,B 또는 AB형을 갖고 있지 않다면 그 자녀들이 이 혈액형을 가질 가능성은 전혀 없다. 반면에 열성인 O형은 부모가 어떤 혈액형을 가지고 있어도 생길 수 있다. 만약 양쪽 부모가 모두 O형이면 자녀들은 누구도 A, B, AB형이 될 수 없으며 오로지 O형만 있을 수 있다. 만약 부모 중 한 사람이 AB형이고 다른 한 사람이 O형이라면 멘델의 분리의 법칙에 따라 AB는 분리되어 각각의 자녀에게 나누어져 나타나게 된다. 만약 아이가 A구조를 갖고 있다면 적어도 부모 중 한 사람은 A구조를 갖고 있어야 한다. 즉 부모 중 한 사람이 A형이나 AB형이어야 한다는 것이다.

만약 자녀가 AB형이면 부모 중 한 사람이 A형이고 한 사람은 B형이든지 한 사람이 AB형이고 다른 한 사람이 A형 또는 B형이어야 한다. 그것도 아니라면 둘 다 AB형이어야 한다. 부계 성립과 관련한 문제에 혈액형을 적용할 수 있는 이유는 이와 같이 혈액형이 유전되는 원리에 근거한 것이다.

무엇보다도 혈액형의 발견은 부계 확립, 혈액 동정, 수혈 치료 등과 관련된 실용적인 분야에서 많은 발전을 이루어 냈다. 이미 수혈은 17세기에 하나의 치료법으로 자리를 잡았으며 사람들 사이에서 대규모로 시행되고 있었다. 그러나 수혈의 심각한 위험 요소로 가끔 환자가 죽는 일도 있었다. 때문에 란트슈타이너가 혈액형을 발견하기까지 치료 목적의 수혈은 거의 포기 상태였다. 하지만 혈액형을 발견함으로써 치료 목적으로 사용하던 수혈 과정의 위험요소들을 설명할 수 있게 되었으며, 따라서 그런 상황들을 피해 갈 수 있게 되었다.

실제로 수혈하는 사람은 환자와 동일한 혈액형을 가진 사람들이어야 했다. 란트슈타이너의 공로로 치료 목적의 수혈이 다시 시작되었고, 이로 인해 많은 생명을 살릴 수 있었다.

46

감염성 질환에 대한 페니실린 효과

(1945년 생리의학)

▎ 알렉산더 플레밍(1881~1955)
▎ 에른스트 체인(1906~1979)
▎ 하워드 플로리(1898~1968)

세균에 대항하기 위해서 사람이나 동물은 몸 안에 방어 물질을 생성하고 또 충분한 양을 만들어 낸다. 하지만 이런 능력이 고등 동물에만 해당되는 것은 아니다. 루이 파스퇴르는 몸 밖에서 배양시킨 탄저균이 대기로부터 받아들인 세균에 의해 파괴되는 것을 관찰하였다. 이 발견은 감염성 질환 치료에 매우 희망적이었다. 하지만 여러 종류의 미생물들 사이에 일어나는 생존을 위한 경쟁을 이용하여 어떤 이익을 얻기까지는 20년 이상의 시간이 흘러갔다. 1899년 엠메리히 박사와 로에브 박사가 이에 관해 실험했지만 크게 주목할 만한 결과는 얻지 못했다.

1928년 플레밍은 포도상구균의 화농성 세균을 실험하는 과정에서 배양접시를 우연히 오염시킨 곰팡이 주위에서 세균 콜로니가 모두 죽어 사라지는 것을 보고 주목하였다. 플레밍은 일찍이 세균의 성장을 막는 여러 물질에 대해 연구하였으며, 그중에서도 눈물이나 타액에 존재하는 이른바 라이소자임이라는 물질에 관심이 있었다. 그는 세균을 억제하는 새로운 물질을 주시하고 있었으며 최근 발견들로 매우 고무되어 있었다. 그는 이 곰팡이를 배양한 후 배지에 옮겼고, 그 표면을 따라 녹색의 펠트 같은 형태로 곰팡이가 자랐다. 1주일 후 이것을 여과하였을 때, 이 배지에서 세균 성장을 강하게 억제하는 효과가 나타났으며, 500~800배로 희석하였을 때에도 포도상구균의 성장을 완전히 억제할 수 있었다. 즉 곰팡이가 이 활성 물질을 배지로 분비했음을 알 수 있었다. 이 곰팡이는 페니실리움 속, 또는 숲속곰팡이에 속하는 것이었으며, 그는 처음에는 배지를, 그리고 나중에는 그 활성물질 자체를 '페니실린'이라고 명명하였다. 플레밍의 배양접시를 오염시켰던 것은 페니실린 노타텀으로 밝혀졌다.

페니실린은 여러 종류의 세균에 효과적이었다. 특히 일반적인 화농, 폐렴, 뇌막염, 디프테리아, 파상풍, 괴저균과 같은 세균에 매우 효과적이었다.

감기, 대장균, 장티푸스 및 결핵균과 같은 종류의 세균은 일반적으로 사용되는 페니실린의 양으로는 성장이 억제되지 않았기 때문에, 플레밍은 혼합되어 있는 전체 세균으로부터 페니실린에 효과가 없는 세균을 분리할 수도 있었다. 게다가 일반적으로 쉽게 파괴된다고 알려져 있는 백혈구가 페니실린에는 아무런 영향을 받지 않았다. 또한 페니실린을 생쥐에 투여했을 때도 아무런 영향을 받지 않았다.

이런 점에서 페니실린은 지금까지 발견된 세균에 대한 독성을 갖는 미생물의 생성물들과는 전혀 달랐다. 또한, 이 물질은 고등한 동물들의 세포에 대해서도 동일한 독성을 나타냈다. 이것은 페니실린을 치료제로 이용할 수 있는 가능성이 높다는 것을 의미했다. 실제로 플레밍은 감염된 상처에서 페니실린의 효과를 확인하였다.

플레밍이 이를 발견하고 약 3년이 지난 후, 영국의 화학자 클러터벅, 러벌, 라이스트릭은 순수한 페니실린을 얻기 위해 노력했지만 실패하였다. 그들은 이것이 정제 과정 중에 항세균 효과를 쉽게 잃어버릴 만큼 민감한 물질이라는 것을 알게 되었고, 이는 곧 다른 부분에서도 확인되었다.

옥스퍼드 대학교의 병리학 연구소에서 페니실린을 연구하기 전까지 페니실린은 세균학자의 관심의 대상일 뿐, 실질적인 중요성은 전혀 밝혀지지 않은 미지의 물질일 뿐이었다. 감염성 질병에 대한 인체의 자발적인 방어력에 대한 관심이 있던 하워드 플로리는 동료들과 함께 라이소자임에 관해 연구하고 있었다. 화학자인 에른스트 체인은 이 연구의 마지막 단계에 참여하였고, 1938년 두 연구자는 미생물이 생성하는 또 다른 항박테리아 물질에 관해 공동 연구를 하였다. 그리고 이와 관련하여 처음으로 선택한 물질이 페니실린이었다.

순수한 형태의 페니실린을 제조하는 것은 매우 어려운 일이었지만, 다른 한편으로는 이 물질의 강력한 효과로 높은 성공 확률을 확신할 수 있었다. 체인과 플로리는 이 연구를 계획하기는 했지만, 이 두 사람은 이미 많은 일을 진행하고 있었기 때문에 수많은 공동 연구자들이 이 연구를 함께 했다. 특히 아브라함, 플레처, 가드너, 히틀리, 제닝스, 오르-이윙, 샌더스, 그리고 여성 연구자인 플로리 등의 박사들이 열정적으로 참가했다. 그중 히틀리는 실험실에서 제조한 페니실린 용액을 기준으로 페니실린을 함유한 용액의 항균 효과를 상대적으로 측정하는 방법을 고안했다. 이때 기준이 되는 페니실린 용액 1밀리리터의 활성을 1옥스퍼드 단위라고 한다.

그 후 페니실린 정제 실험을 하였다. 곰팡이는 용기 안에서 알맞은 영양 배지를 주면서 배양하였고, 이때 공급되는 공기도 솜털을 통과시켜 여과하였다. 그리고 약 1주일 후, 페니실린의 함량이 최고에 달했을 때 추출을 시도하였다. 이때 페니실린은 유기용매에 더 잘 용해되는 산의 형태로 유리되지만, 알칼리에서 염을 형성하고 나면 물이 쉽게 용해될 수 있는 것으로 관찰되었다. 그러므로 배양액에서 이를 추출하기 위해서는 산성화 시킨 에테르나 아밀 아세테이트를 사용해야 했다.

또한 페니실린은 수용액에서 쉽게 파괴되므로 유기용매가 증발하지 않도록 낮은 온도에서 추출해야 했다. 그리고 페니실린의 산도를 거의 중화시킨 후에야 수용액으로 회수할 수 있었다. 이런 과정들을 통해서 많은 불순물은 제거되었고, 용액을 낮은 온도에서 증발시켜 안정한 분말 형태의 물질을 얻을 수 있었다. 이렇게 정제한 물질의 활성은 밀리그램당 40~50옥스퍼드 단위 정도였으며, 이것을 100만분 의 1로 희석시켰을 때 포도상구균의 성장이 억제되는 것을 관찰하였다.

이것은 이 물질이 상당히 농축된 활성 물질임을 의미한다. 따라서 그들은 순수한 페니실린을 얻는 데 성공했다고 생각했다. 다른 많은 연구자들 또한 이와 비슷한 방법으로 강한 생물학적 활성을 가진 순수한 물질을 얻을 수 있다고 생각했다. 그러나 현대의 생화학 실험으로 이 물질은 결코 순수한 물질이 아니었음을 깨닫게 되었다.

실제로 여기에 포함된 페니실린의 양은 매우 적었다. 현재 제조되는 순수한 페니실린의 결정 1밀리그램은 약 1,650옥스퍼드 단위의 활성을 갖고 있다. 페니실린의 형태 또한 매우 다양하며 이들은 아마도 서로 다른 효과를 가지고 있는 것으로 생각된다. 페니실린의 화학 성분이 규명된 것은 체인과 에이브러햄이 많은 기여를 하였다.

옥스퍼드 대학교의 연구소는 페니실린에 약간의 독성이 있다는 것, 그리고 피가 나거나 고름이 흘러도 그 효과가 약화되는 것은 아니라는 플레밍의 관찰을 확인할 수 있었다. 이 물질은 소화액에서 쉽게 파괴되었고, 근육이나 피부로 주사하면 몸 안으로 빨리 흡수되고, 또 신장에서 신속하게 배설되었다. 따라서 이 물질이 아픈 사람과 동물에게서 효과를 나타내기 위해서는, 파괴되지 않도록 주의해서 투여하거나 반복적으로 주사해야만 했다. 최근의 몇몇 연구에서 경구 제제를 투여함으로써 이 어려움을 극복할 수 있을 것이라는 결과가 나오고 있다. 페니실린에 매우 민감한 화농성 세균 또는 가스괴저 세균을 높은 용량으로 생쥐에 주입하였을 때, 이 제제로 페니실린을 투여받은 동물의 약 90퍼센트가 회복된 반면, 투여하지 않은 대조 동물은 모두 죽었다.

1941년 8월 환자에게 페니실린을 처음 사용해 본 결과가 발표되었지만, 불충분한 약물 공급으로 몇몇 환자는 치료가 중단되었다. 그러나 플로리는 이 새로운 물질에 미국의 많은 연구자들의 관심을 집중시키는 데 성공하였다. 그 결과 수많은 연구자들이 협동하여 집중적으로 연구함으로써 순수한 결정을 빠른 시간 안에 얻을 수 있었다. 이제 많은 양의 페니실린을 제조할 수 있었다. 그리고 모든 분야에 수많은 시험이 수행되었다. 그 결과 실질적인 치료에도 어느 정도 사용이 가능해졌다.

많은 연구 결과 페니실린은 전신패혈증, 뇌막염증, 괴저병, 폐렴, 매독, 임질 등을 비롯한 감염성 질환에 매우 효과적으로 알려졌다. 페니실린을 발견하고 여러 질병에 대한 치료제로서의 가치를 확인한 업적은 의학과학에서 너무나도 중요한 사건이었다.

47

DNA와 RNA의 생물학적 합성 기전에 관한 연구

(1959년 생리의학)

▌ 세베로 오초아(1905~1993)
▌ 아서 콘버그(1918~   )

　생명이 지속되기 위해서는 두 가지가 필요하다. 그 하나는 단백질이고 또 다른 하나는 핵산이다. 남자와 여자가 인류의 존속을 책임지는 것과 마찬가지로, 단백질과 핵산의 상호작용은 유일하게, 그리고 보편적으로 반복되는 생명의 근본적인 기전이다. 바이러스, 세균, 식물 및 동물을 구성하는 많은 물질에서 다른 모든 것들은 변화할지 몰라도, 단백질과 핵산은 생명을 지탱하는 요소로서 항상 존재한다. 이 두 가지에는 중요한 특징이 있다. 분자들은 매우 크니, 수천 개의 작은 단위들이 연결되어 마치 진주목걸이 같은 나선형의 사슬을 만든다. 각각의 나선형 사슬이 서로 복잡하게 꼬여 결합하고 있으며, 여기에는 단백질이나 핵산 또는 이 두 가지가 모두 포함되어 있다. 혼합된 이 거대 분자에서 생명 반응은 밀접하게 관련되어 있는 가닥들의 독특한 형태에 따라 진행된다.

단백질을 구성하는 기본 단위는 아미노산이다. 이 지구 상에서 자연적으로 발견되는 아미노산은 약 20개이다. 핵산의 기본 구성 성분인 뉴클레오티드는 질소를 함유하는 염기와 당, 그리고 인산으로 구성되어 있다. 자연에서 실제로 발견된 중요한 뉴클레오티드는 8개이다. 이들은 모두 인산을 포함하지만, 질소를 포함하는 염기는 다섯 종류가 있다. 당은 두 종류가 존재하며, 그중 하나인 리보스는 다른 종류인 디옥시리보스보다 산소원자를 한 개 더 포함하고 있다. 사실 이것은 단 하나의 원자만 다른 사소한 차이지만 그 차이의 효과는 매우 크게 나타난다. 이로 인해 핵산은 두 가지로 나누어지며, 각각은 광범위한 기능을 하고 있다.

아서 콘버그가 합성한 디옥시리보핵산은 주로 염색체에서 유전물질로 존재한다. 반면에 세베로 오초아가 합성한 리보스는 단백질 합성 과정을 돕는 등 다른 기능을 한다. 이를 설명하는데 중요한 역할을 한 사람이 스웨덴의 토비언 캐스퍼슨이다.

또한 다른 연구자들도 핵산이 단백질 합성을 돕는다는 것을 증명하였다. 그러나 이에 관한 정확한 화학적 작용기전은 아직 알지 못한다.

핵산과 단백질은 생명을 구성하는 두 가지 핵심 요소이며, 단백질에 핵산 합성에 필요하다는 반대의 생각은 매우 그럴듯하다. 단백질이 효소의 형태로 생물학적 세계의 실질적인 모든 화학 반응에 참여한다는 것 또한 그럴듯하다. 오초아와 콘버그는 시험관에서 단백질을 합성하는 효소를 만들어 이들의 근본적인 작용 기전을 규명하고자 노력하였다. 단백질 사슬을 구성하는 구성단위의 순서가 결코 운으로 결정되는 것이 아니라 각각의 분자 종류에 따라, 그리고 유기체의 종에 따라 자세하게 미리 계획되어 있다는 것은 증명되었다. 핵산 사슬 또한 마찬가지 방법으로 계획될 가능성이 높다.

어린이가 성장하면 어른이 되고, 알에서 깨어난 뱀의 새끼가 성장하면 뱀이 되는 것은 구성 재료의 순사가 이미 정해져 있기 때문이다. 이 순서에 생기는 혼란으로 인해 유전 인자가 변화하게 되고 수천 년에 걸쳐 생긴 변종이 나타나기도 한다. 이 구성 재료를 조합할 수 있는 가능한 방법이 무한대이기 때문에 이 지구 상에 나타나는 생명의 형태 또한 다양하게 존재한다. 예를 들면, 28개 영문 알파벳의 여러 조합으로 우리는 알파벳으로 표현할 수 있는 언어를 모두 표기할 수 있다. 단백질의 구성 재료인 아미노산은 알파벳의 수와 거의 동일하다. 단백질 분자는 100이나 1,000 또는 10,000개의 글자로 구성된 단어와 비교할 수 있다. 따라서 천문학적인 숫자의 조합이 가능하다. 하지만 여기에는 또 다른 인자가 작용할 수 있다. 아미노산의 차이로 단백질의 변형이 생길 수 있을 뿐만 아니라 이 단백질들은 각각의 효소 활성으로 여러 대사 과정을 조절할 수 있다. 서로 다른 4개의 뉴클레오티드를 가지는 두 가지 형태의 핵산에서도 100~10,000개의 뉴클레오티드가 각 분자들을 구성하고 있다고 보면, 엄청난 수의 조합이 가능하다. 따라서 각각의 구조물을 오차 없이 정확하게 배열하여 핵산과 같은 복잡한 물질이 만들어지는 절차를 알아내려는 시도들이 너무 무모해 보일지도 모른다.

오초아와 콘버그는 이에 관한 연구를 각자 시작하였다. 오초아는 리보핵산을 만드는 시스템 분야에서, 콘버그는 디옥시리보핵산의 합성 분야에서 연구하였다. 그들은 연구 과정에서 직접 협력한 것은 아니다. 하지만 그들은 개인적인 친구로서 서로 협력하며 함께 목표에 도달할 수 있었다. 누구나 그렇듯이, 그들은 앞에서 언급한 소수의 연구자들이 얻은 결과들을 이용할 수 있었다. 1776년 스웨덴의 칼 셸레와 토르베른 베리만은 요산, 즉 최초의 푸린을 발견하였다. 독일의 알브레히트 코셀은 핵산이 질소를 함유한 연기로 이루어졌음을 화학적으로 분석하였다.

영국의 알렉산더 토드는 핵산의 화학적 성질을 자세히 규명하여 1957년 노벨 화학상을 받았다. 그러나 오초아와 콘버그가 이 업적을 이어갈 수 있었던 것은 이 분야에서 자신들이 이룬 기존의 우수한 연구 결과들 덕분이었다. 오초아는 초산 박테리아, 그리고 콘버그는 대장 박테리아 배양액으로부터 얻은 순도 높은 추출물로 연구하였다. 오초아가 발견한 효소는 리보핵산에 포함되어 있는 것으로서 인산 잔기의 2배인 리보뉴클레오티드로부터 리보핵산을 합성할 수 있었다. 인산 잔기를 반으로 나누고, 뉴클레오티드를 연결하여 리보핵산을 생성하였으며, 이렇게 생성된 리보핵산은 자연적으로 생성된 핵산과 동일하다는 것이 증명되었다.

콘버그가 발견한 효소는 이와 유사하긴 했지만, 디옥시리보핵산을 생성하는 효소였다. 두 효소 모두 반응을 시작할 때에는 주형으로 작용할 소량의 핵산이 필요했다. 그렇지 않으면, 효소는 어떤 핵산을 만들어야 하는지 알지 못하기 때문이다. 효소는 안내자의 역할을 하는 주형을 만나자마자, 마치 능숙한 식자공처럼, 그들이 받은 원고, 즉 주형을 복사하기 시작했다. 이로 인해 우리는 같은 것이 같은 것을 만들어 낸다는 생명의 고유한 원리를 깨달았다. 연구자들은 이미 이와 같은 기전이 관련된다는 것을 어렴풋이 알고 있었지만, 이에 관한 실질적인 실험적 증거는 매우 중요했던 것이다.

48

핵산의 분자 구조 발견

(1962년 생리의학)

▌프란시스 크릭(1916~2004)
▌제임스 왓슨(1928~　　)
▌모리스 윌킨스(1916~　　)

　　과학자가 생명체의 다양성을 이해하고 설명하기 위해서, 또는 물리적, 화학적 특징들을 밝히기 위해서는, 보편성과 개체성을 잘 조합해야 한다. 과학자에게는 모든 생명체에 보편적으로 존재하는 일반적인 성질을 구별하는 능력이 필요하다. 예를 들어 모든 생명체는 자연환경에서 영양 성분을 추출하는 능력이 있고, 자손을 얻기 위해 번식하는 능력이 있다는 것 등을 구별해야 한다. 다시 말해 과학자는 엄격한 규칙성을 알아볼 수 있어야 한다. 더 나아가 과학자는 생명체 혹은 세포의 물리적, 화학적 특징을 연구할 때 그 정밀한 구조와 내부질서를 인식하고, 새롭게 전달되는 신호를 구분할 수 있어야 한다.

그러나 같은 종이라 해도 개체에 따른 특징을 무시할 수는 없다. 엄격한 질서의 틀 안에서도 개개의 특징이 존재한다는 것 또한 인정해야만 한다.

고등생물의 유전 전달 물질인 디옥시리보핵산, 즉 DNA의 3차원 분자 구조의 발견은 생명체의 보편성과 개체성을 결정하는 분자배열을 자세하게 이해할 수 있는 틀을 마련해 주었다. 그리고 이것은 매우 중요한 의미를 갖는다.

디옥시리보핵산은 수많은 고분자 물질로 이루어져 있으며 이 고분자 물질은 몇 개의 단위체로 구성된다. 이들 단위체에는 당, 인산, 그리고 질소를 함유한 염기가 포함되어 있으며, 거대한 DNA 분자 전체에서 똑같은 당과 인산이 반복적으로 나타난다. 그렇지만 염기는 단 네 종류만이 존재한다. 왓슨과 크릭, 윌킨스는 이들 단위체가 서로 어떻게 3차원적으로 연결되어 있는데 그 구조를 발견하였고, 그 공로로 노벨 생리의학상을 받았다.

윌킨스는 엑스선 결정학 기술을 이용하여 다양한 생물의 디옥시리보핵산을 연구하였나. 이 기술은 지금까지 분자구조를 분석하는 기술 중에 가장 우수하다고 평가되는 기술이다. 바로 이 우수한 기술을 이용하여 윌킨스는 디옥시리보핵산의 긴 분자사슬이 이중나선

형태로 배치되어 있음을 밝혔다. 그리고 왓슨과 크릭은 서로 얽혀있는 두 개의 나선 안에서 유기염기들이 특별한 방법으로 짝지어져 있음을 발견하고 그 배열의 중요성을 강조하였다.

디옥시리보핵산은 두 개의 나선이 연결되어 하나의 긴 계산처럼 보이기도 한다. 이 계단의 바깥쪽은 당과 인으로 구성되며 염기들이 짝을 지어 연결되면서 형성된다. 각각의 염기를 다르게 염색한 후에 이 디옥시리보핵산의 계단을 사람이 걸어 올라간다고 상상해 보자. 이 사람은 너무나도 다양한 모습에 깊은 인상을 받게 될 것이다. 그러나 그는 얼마 지나지 않아 빨간색은 언제나 파란색과 연결되어 있고, 검은색은 언제나 하얀색과 연결되어 있음을 발견할 것이다. 또한 계단의 오른쪽이 검은색이면 왼쪽이 하얀색이고, 오른쪽이 하얀색이면 왼쪽이 검은색이라는 것도 확인할 수 있다. 그리고 빨강과 파랑에서도 마찬가지 현상을 관찰하게 된다. 결국 그는 이 배열이 어떤 의미를 갖는지 궁금해질 것이며, 그 계단이 어떤 메시지, 즉 어떤 유전 정보를 담고 있다는 것을 깨닫게 된다.

하지만 실제로 디옥시리보핵산은 누군가가 올라갈 수 있는 계단이 아니다. 이것은 매우 활동적인 생물학적 물질이다. 보통은 디옥시리보핵산에서 리보핵산이 만들어지고, 이것에 의해 아미노산이 연결되어 단백질 사슬을 형성하는 3단계의 과정으로 단백질이 합성된다. 결국 단백질의 아미노산 서열은 핵산의 염기서열에 의해 결정되는 것이다. 그러므로 핵산은 어떤 단백질이 생성될지를 결정하며,

이렇게 생성된 단백질은 생명체 내에서 특정 기능을 담당한다. 결국 다양한 단백질이 생성되고 이들은 모두 생명체의 필요에 따라 전체적인 생명 현상의 일부 기능을 담당하는 것이다. 이와 같은 다양한 단백질들의 협력 작용으로 개개인의 특징이 결정된다. 즉 어떤 단백질들이 어떤 형태로 협력하는가에 따라 개개인의 특성이 달라진다.

디옥시리보핵산에 담긴 정보는 세포가 분열할 때 그대로 전이된다. 이것이 생명체의 일반적인 성찰 과정이다. 또한 생식세포가 융합할 때에도 디옥시리보핵산의 정보는 전이된다. 이와 같은 방법으로 디옥시리보핵산의 정보는 부모를 꼭 닮은 새로운 개체의 발생을 결정하고 조절한다.

DNA 구조에 대한 발견은 생명의 본질적인 메커니즘을 좀 더 이해할 수 있는 계기를 마련해 주었다.

49

바이러스 복제기전과 유전적 구조의 발견

(1969년 생리의학)

▌**막스 델브뤼크(1906~1981)**
▌**앨프레드 허시(1908~1997)**
▌**살바도르 루리아(1912~1991)**

바이러스는 사람, 동물, 식물, 미생물 모두를 잡아먹을 수 있다. 박테리아도 자신만의 바이러스가 있다. 이를 박테리아를 잡아먹는다는 뜻인 박테리오파지라고 부른다. 이것들이 발견된 것은 제 1차 세계 대전 당시이지만, 25년 동안의 계속된 연구에도 불구하고 이에 관해 알려진 것은 별로 없었다. 1940년에 막스 델브뤼크가 박테리오파지에 관심을 가진 후, 살바도르 루리아와 앨프레드 허시도 역시 관심을 갖게 되었다. 이들의 목표는 모든 생명 현상의 가장 기본이 되는 복제를 연구하는 것이었다. 그들은 성공에 대한 희망을 갖고 이 문제의 연구 모델이 될 만한 박테리오파지를 발견하고자 노력하였다.

델브뤼크, 루리아, 허시는 서로 다른 배경과 접근법으로 근본적인 문제에 대해 집중적으로 연구하기 시작했다. 그들은 독립적이면서도 아주 밀접한 관계를 유지하였다. 초기에 그들은 각자 자신의 학파를 형성하였고, 고무적인 지적 분위기는 여러 분야에 다양한 태도를 지닌 재능 있는 과학자들을 끌어 모았다. 그들의 지휘 아래 연구는 빠른 속도로 진행되었다.

박테리오파지에 관한 연구를 애매한 경험주의로부터 정확한 과학으로 변화시킨 델브뤼크는 생물학적 효과를 정밀하게 측정할 수 있는 조건을 분석하고 규명하였다. 그는 루리아와 함께 정량적인 측정 방법을 고안하고, 통계학적인 평가 기준을 확립하여 훨씬 예리한 연구가 가능하게 했다. 델브뤼크와 루리아는 주로 이론적인 분석에 강했던 반면, 허시는 기술적으로 뛰어난 실험가였다.

델브뤼크의 연구는 10년 이상 계속되었다. 그 결과 박테리오파지의 세포 주기를 자세하게 완성하였다. 복제 과정의 여러 단계들도 각각 명확하게 연구되었다. 이에 관한 최종적인 결과는 다음과 같다.

박테리오파지 입자는 핵산을 포함하는 핵심 물질로 구성되며 단백질 외피로 둘러싸여 있다. 이 외피에는 세포 내 물질과 특이적으로 반응할 수 있는 효소를 함유하며, 이 효소는 세포 표면을 부식시켜 박테리오파지 코어를 세포 내로 주입하는 역할을 한다. 그 후 이 단백질 외피는 더 이상 감염 과정에 참여하지 않고 외부에 남아 있게 된다. 박테리오파지 코어의 침입으로 세포 활동은 빠르게 변한다. 세포의 화학적인 도구는 그대로 있지만, 이를 조절하는 조절 센터는 차단된다. 그 대신 박테리오파지 코어가 세포 내 화학 작용이 새로운 박테리오파지 입자만을 생산하도록 명령한다. 마지막에 성숙한 입자들을 형성하게 된다. 이 단계가 되면, 세포벽이 용해되고 새로 형성된 박테리아가 세포 밖으로 빠져나온다. 이러한 과정은 거의 상상할 수 없을 만큼 빠른 속도로 진행된다. 하나의 박테리오 입자는 10~15분 안에 수천 개 이상의 새로운 입자를 만들 수 있다.

새로운 핵산은 원칙적으로 반복된 복제를 통해 형성된다. 아주 드물게 합성 과정에서 오류가 일어나 약간 다른 구조를 가진 개체가 생기기도 한다. 만일 새로운 개체가 전혀 기능을 할 수 없을 만큼 심각한 오류가 생긴다면, 이 또한 연속적인 복제 과정을 거치게 되며, 최종적으로 생긴 박테리오파지에는 본래의 형태와 다른 성질을 가진 입자가 많이 포함되어 있을 것이다. 즉 돌연변이를 통해 새로운 변종이 나타나는 것이다.

하나의 세포는 동시에 두 개 이상의 관련 바이러스 입자에 감염될 수 있다. 그렇게 된다면, 두 개의 단일체에 의해 부분적인 교환이 일어나는 이른바 재조합 과정이 나타난다. 이러한 방식으로 여러 조합이 이루어지며, 이로 인해 본래 특징을 어느 정도 갖고 있는 새로운 변종이 형성된다. 이렇게 재조합된 성질을 분석하면 우리는 바이러스의 유전자 구조와 관련된 정보를 얻을 수 있다. 빠르게 복제되는 박테리오파지를 이용해 짧은 시간 내에 수많은 변종을 모으고, 전반적인 교차 실험을 수행하는 것이 가능해졌다. 그리고 이러한 방법으로 이들의 유전적 구조는 더욱 자세히 밝혀졌다.

1950년대 초 생물학적 현상이 분류되고 정확한 관계가 밝혀졌다. 이렇게 얻어진 세균의 작용 양식은 이전의 개념과는 본질적으로 달랐다. 무엇보다 가장 중요한 것은 바이러스와 숙주세포의 상호작용과 세포 활성의 조절 작용이 유전적으로 활성화된 외인성 구조 물질에 의해 영향을 받는다는 사실이었다.

이러한 발견으로 생물학의 많은 분야는 획기적으로 발전한다. 박테리오파지의 세포 주기에서 기본 과정들을 정리하는 것은 분자 수준에서 화학 용어로 이들을 정의하기 위한 필요조건이었다. 처음에 박테리오파지 연구에 대한 과학계의 태도는 겸손했다. 이런 태도는 호기심으로서의 관심에서 비롯된 것이라 생각되었지만, 생물학에서는 그다지 좋지 않은 태도였다. 하지만 이 태도는 점차 변해갔다. 원칙적으로는 똑같은 작용기전이 박테리오파지, 미생물, 그리고 더 복잡한 세포계의 활동도 조절한다는 것은 이제 분명한 사실입니다. 그러므로 델브뤼크, 허시, 그리고 루리아는 현대생물과학의 실질적인 창시자였다.

또한 이러한 발견은 유전학자에게 매우 중요하다. 생명 과정의 유전 조절작용 기전을 밝히기 위해 주로 박테리오파지를 이용한 연구가 수행되었다.

마지막으로 중요한 것은, 박테리오파지 연구로 고등 동물의 바이러스 질환을 이해하고 대처할 수 있는 통찰력이 생겼다는 것이다. 박테리아가 발견된 지 이미 오랜 시간이 지났다. 그러나 얼마 전까지만 하더라도 박테리아의 생물학적 의학적 중요성만을 인식하고 있었을 뿐, 이들의 광범위한 실용성이 명백하게 밝혀지게 된 것은 위의 세 사람의 역할이 가장 크다고 할 것이다.

50

동물 행동 유형에 대한 연구

(1973년 생리의학)

- 칼 폰 프리슈(1886~1982)
- 콘라트 로렌츠(1903~1989)
- 니콜라스 틴베르헨(1907~1988)

뮌헨대학교의 칼 폰 프리슈는 복잡한 꿀벌의 행동에 대하여 60년 이상 연구하였다. 그는 일벌이 동료 벌에게 먹이가 풍부한 곳의 방향과 거리를 알려 주기 위해 춤을 춘다는 것을 알아냈다. 먹이를 찾아 나섰던 벌은 꽃에서 꿀을 발견하면 동료에게 돌아와 격렬하게 '8자춤'을 춘다. 이 벌은 벌집 표면을 따라 걸으면서 몸을 좌우로 흔들며 엉덩이춤을 춘다. 그러다가 춤을 멈추고 왼쪽이나 오른쪽으로 반원돌기를 하며 출발점으로 돌아온다. 그리고 다시 엉덩이춤을 추다가 반원을 그리며 처음 위치로 돌아오는 과정을 반복한다. 즉 8자 춤은 이런 엉덩이춤과 반원 돌기를 계속 반복하는 행위로 이루어진다. 그리고 나면 다른 일벌들이 그 벌의 뒤를 따라 먹이를 찾으러 나간다.

폰 프리슈는 1944년까지는 다른 벌들이 얻은 정보는 춤을 춘 벌이 찾아낸 꽃의 향기일 뿐이라고 생각했다. 다른 벌들이 춤을 춘 벌에게 더듬이를 가져가 몸에 밴 꽃향기를 감지하는 것이라고 생각했던 것이다. 하지만 1944년 그는 다른 벌들은 벌집 주변을 샅샅이 뒤져 같은 향기를 지닌 꽃을 찾는 게 아니라, 춤을 춘 벌이 먹이를 찾아다녔던 부근을 탐색한다는 것을 알아냈다. 즉 다른 일벌들은 춤을 춘 벌로부터 장소에 대한 정보도 획득한다는 것이다.

그는 꿀벌의 춤으로부터 다음과 같은 것을 밝혀냈다. 엉덩이춤이 지속되는 시간은 비행거리에 비례한다. 벌통 안이 어둡기는 하지만 춤을 춘 벌이 엉덩이춤을 추면서 날개로 윙윙 소리를 내기 때문에 그 지속 시간을 알 수 있다. 평균적으로 1초 동안 윙윙 소리를 내며 엉덩이춤을 추었다면 비행거리는 약 1킬로 미터라는 것이었다.

또한, 벌집 표면의 세로선을 축으로 엉덩이춤을 추는 각도는 태양의 방향을 기준으로 벌집 밖에서의 먹이까지의 비행 각도를 나타낸다는 것을 밝혀냈다. 예를 들어, 춤을 춘 벌이 엉덩이 춤을 추며 세로선을 따라 똑바로 움직인다면 "먹이가 태양과 같은 방향에 있다"는 것을 의미한다는 것이다. 만약 춤을 춘 벌이 세로선을 축으로 오른쪽 40도 방향을 향하면 "먹이는 태양에서 오른쪽 40도 방향에 있다"는 것을 뜻한다. 즉, 다른 벌들이 춤을 춘 벌의 움직임을 살펴서 그것을 해독하고 이에 따라 먹이를 찾아 나선다는 것이다. 즉 꿀벌의 춤은 그들의 언어라 할 수 있다. 작은 곤충인 벌이지만 이러한 방식으로 소통한다는 것은 실로 경이롭지 않을 수 없다.

51

세포의 구조 및 기능에 대한 연구

(1974년 생리의학)

▌알베르 클로드(1898~1983)
▌크리스티앙 드 뒤브(1917~   )
▌조지 펄라디(1912~   )

광학현미경은 19세기에 마치 새로운 세상의 문을 연 것처럼 수많은 연구에 사용되었지만 여기에는 분명한 한계가 있었다. 세포의 구성 성분들이 너무 작아 현미경으로는 관찰할 수 없었기 때문에 세포의 내부구조, 구성 성분들의 상호 관계, 또는 이들의 역할에 대해서는 전혀 알 수가 없었던 것이다. 즉 세포 내부는 마치 물건들이 질서 없이 흐트러져 있는 바구니처럼 구성 성분의 기능을 전혀 알 수 없는 것이라고 여겨졌다.

실제로 세포는 바늘 끝의 백만 분의 일 정도밖에 되지 않는 매우 작은 크기이기 때문에 세포의 기능을 담당하는 구성 성분들은 작은 세포의 백만 분의 일 정도 크기밖에 되지 않을 것이다. 따라서 이를 광학현미경으로 관찰하는 것은 절대로 불가능한 일이었다. 그렇다고 코끼리 세포가 생쥐 세포보다 큰 것도 아니기 때문에 연구자들이 보다 큰 실험동물을 사용한다 해도 세포 연구에는 별다른 도움이 될 수 없다.

이와 같은 이유로 지난 세기 초반 몇십 년 동안 세포 연구는 전혀 발전하지 못했다. 하지만 1938년에 이르러 전자현미경이 등장하면서 세포 연구는 활력을 되찾을 수 있었다. 전자현미경과 광학현미경의 차이는 실로 엄청난 것이었다. 과거 현미경이 책의 제목만을 읽었다면 전자현미경은 책 내용을 전부 읽는 것과 같았다. 우리는 이제 이 도구로 세포 내 구성 성분들을 관찰할 수 있게 되었다. 그렇지만 그 결과는 기대에 미치지 못했다. 전자현미경으로 관찰할 수 있는 표본 세포가 없었기 때문이다. 책을 읽을 수 있음에도 불구하고 책은 여전히 덮여 있었던 것이다.

덮여 있던 이 책을 열어 처음으로 읽은 사람이 바로 알베르 클로드와 그의 동료들이었다. 1940년대 중반에 그들은 문제를 해결할 돌파구를 찾았고 전자현미경의 세포 샘플을 성공적으로 만들었다. 하지만 해결해야 할 기술적인 문제들은 아직도 많았다. 때문에 이들의 성공은 한 줄기 섬광과도 같은 시작에 불과했다. 이 전자현미경을 고차원 수준으로 발달시킨 사람이 바로 조지 팔라디였다.

우리가 세포의 기능을 이해하기 위해서는 세포의 구조 및 형태와 더불어 구성 성분의 화학적인 조성도 규명해야 한다. 하지만 전체 세포 또는 조직을 이루는 성분들은 너무나 많기 때문에 이들을 일일이 분석하는 것은 매우 어려운 일이다. 그리고 그 크기도 너무 작아 각각의 구성 성분들을 독립적으로 연구하기도 힘들다. 하지만 클로드는 마침내 새로운 방법을 개발했다. 그는 세포를 먼저 갈고, 원심 분리하여 여러 성분 중에서 커다란 것들을 제거하였다. 이 방법의 개발은 매우 중요한 출발점이 되었다. 팔라디는 이 방법을 개선하였으며 크리스티앙 드 뒤브는 이와 관련하여 눈부신 성과를 이루었다.

팔라디는 세포가 성장하고 물질을 분비할 때 작용하는 구성성분들도 밝혀냈다. 1906년 노벨상 수상자인 카밀로 골지는 골지체라는 세포 구성성분을 발견하였고 팔라디는 이 골지체의 역할을 증명하였다. 그리고 세포 내에서 단백질을 생성하는 리보솜도 발견하였다.

아주 작은 세포 내에서조차 유기물질의 생성, 폐기물의 연소와 제거는 균형 있게 조절되고 있다. 드 뒤브는 이때 작용하는 리소좀이라는 아주 작은 구성 성분을 발견하였다. 이 성분은 세균 또는 노쇠한 세포 등을 삼키고 용해시켰다. 실제로 이 과정은 산에 의해 일어나는 것이지만 건강한 세포는 자신의 세포막으로 스스로를 산으로부터 보호하므로 전혀 해를 입지 않는다. 그러다 세포막이 이온화 방사선 등으로 손상되면 리소좀은 세포의 자살 도구로 이용된다. 이와 같은 리소좀은 임상적으로도 매우 중요한 역할을 하는 것으로 밝혀졌다. 따라서 이에 관한 드 뒤브의 연구는 질병의 예방과 치료 수단을 개발하기 위한 중요한 기초가 되었다.

52

감염성 질병의 기원과 전파에 관한 발견

(1976년 생리의학)

▋ 버루크 블럼버그(1925~   )
▋ 대니얼 가이두섹(1923~   )

우리는 일상생활에서 감염 물질에 수시로 노출된다. 이 감염원 중에서 가장 작은 것이 바로 바이러스이다. 바이러스는 그 크기가 작음에도 불구하고 수많은 형태의 전염병을 일으킬 만큼 치명적이다. 아주 흔한 감기 바이러스는 호흡기를 통해 쉽게 들어오며 그 증상은 며칠 뒤부터 나타난다. 그러나 우리 몸은 이와 같은 바이러스의 공격을 스스로 막을 수 있는 능력이 있으며, 보통은 며칠 뒤에 다시 건강을 회복합니다.

하지만 때때로 전염병은 이와 전혀 다른 방법으로 발병한다. 블럼버그는 1960년 초에 특이적인 혈액단백질의 유전에 관해 연구하던 중 찾으려던 물질과는 전혀 다른 새로운 단백질을 우연히 발견하였다. 이것은 일반적인 신체 구성 요소가 아닌 황달을 유발하는 바이러스였다.

1940년 이후, 바이러스가 일으키는 황달은 두 종류가 알려져 있었는데 그중 한 가지는 장에 감염되어 질병을 일으키는 것이었으며, 다른 한 가지는 수혈로 감염되는 것이었다. 블럼버그가 발견한 바이러스는 후자였다. 이 바이러스는 감염된 뒤 서너 달 뒤부터 간에 문제를 일으키는 것으로 관찰되었다. 일반적으로 이 증상은 몇 주 안에 수그러 들었지만 바이러스 감염에 저항력이 없는 경우에는 살아가는 동안 그 증상이 지속적으로 나타났다. 이처럼 증상이 지속되는 경우는 1,000명 중 1명 꼴로 나타나며, 전 세계적으로 1억 명에 달한다. 또한 이 질병이 있는 사람들은 바이러스를 다른 사람에게 옮길 수도 있었다. 하지만 블럼버그의 발견 덕분에 이제는 이 바이러스 보균자들을 구분할 수 있게 되었고, 이들의 수혈을 금지하여 전염을 막을 수 있게 되었다. 또 이 원인으로 유발되는 황달에 대한 새로운 예방법으로 백신이 개발되었다.

한편 칼턴 가이두섹은 1950년 말에 뉴기니의 고지에 사는 부족민들에게만 나타나는 쿠루라는 질병을 연구하였다. 이병은 뇌에 점진적으로 손상을 일으켜 결국에는 죽는 병으로 일반적인 전염병의 증상인 열이나 염증은 전혀 나타나지 않는 특징이 있었다. 그럼에도 불구하고 가이두섹은 이 병이 다른 전염병과 같이 어떤 감염원이 있어 발병하는 것이라고 생각하였다. 그리고 이 감염원으로 침팬지도 똑같은 질병을 앓을 수 있다고 주장하였다. 그는 감염시킨 동물에서 처음 증상을 확인하기까지는 1년 반 내지 3년의 시간이 걸렸다. 그리고 이 연구는 쿠루병의 원인을 밝히는데 중요한 역할을 하였다.

연구가 진행되는 동안 3,000~35,000명이 이 전염병으로 목숨을 잃었다. 마침내 그는 죽은 사람의 살덩이를 나누어 먹는 뉴기니 고지 부족민들의 장례 의식 때문에 이 질병이 감염된다는 것을 발견하였다. 따라서 이 장례 의식은 1959년에 중단되었고, 그 뒤에 태어난 아이들에게는 더 이상 쿠루가 발병하지 않았다. 하지만 어른들에게는 여전히 감염원이 잔존해 있었고, 이는 질병이 사라지고 수십 년이 흐른 뒤에도 쿠루의 감염원이 여전히 유기체 속에 잠복 상태로 남아 있을 수 있다는 것을 의미한다.

가이두섹은 쿠루의 원인을 밝혔으며, 그의 연구는 감염원이 질병을 유발한다는 독특한 형태를 밝혔다는 점에서 매우 큰 의미를 갖는다. 쿠루가 일반적인 전염병 증상이 없이도 전염성 물질로 감염되는 질병이라는 사실은 다른 질병도 이와 비슷한 형태로 발병할 수 있다는 것을 의미하며 이와 같은 감염 경로에 대해서도 연구자들이 주목해야 함을 강조하고 있다. 또한 가이두섹은 초로 치매와 같은 독특한 질병 역시 감염성 질병이라는 것을 증명하였다.

우리 몸의 일반적인 방어 메커니즘은 이러한 종류의 감염원으로부터 우리를 보호할 수 없다. 게다가 이런 것들은 일반적인 바이러스보다 열이나 방사선에 대한 저항력도 강하다. 따라서 우리는 일반적인 바이러스 치료법과는 전혀 다른 방법으로 이런 것들을 치료해야 한다.

53

프라이온의 발견

(1997년 생리의학)

▌ 스탠리 프루시너(1942~　　)

　　프라이온이란 작은 감염성 단백질로써 인간이나 동물에게 치명적인 치매를 일으키는 원인 물질이다. 거의 100년 동안 감염성 질환은 박테리아, 바이러스, 균류나 기생충이 그 원인으로 알려져 왔다. 이러한 모든 감염성 병원체들은 복제가 가능한 유전자를 가지고 있다. 이런 병원체들이 질병을 일으키기 위해서 복제 능력은 필수적이다. 프라이온의 가장 주목할 만한 특징은 유전자 없이도 자기 자신을 복제할 수 있다는 것이다. 프라이온에는 유전물질이 없다. 프라이온이 발견되기 전까지는 유전자 없이 복제한다는 것이 불가능한 일이었다. 때문에 그 누구도 이와 같은 발견을 예상하지 못하였으며, 논쟁을 유발하기도 했다.

프루시너가 프라이온을 발견하기 전까지는 이것에 대해 아무것도 알지 못했다. 하지만 프라이온에 의한 질병 기록은 많았다. 18세기에 아이슬란드에서는 양에게 치명적인 스크래피라는 질병이 처음 발견되었다. 1920년대에는 신경과 전문의인 한스 크로이츠펠트와 알폰스 야콥이 한 남자에게 이와 비슷한 질병을 발견하였다. 1950년대와 1960년대에 칼턴 가이두섹은 뉴기니 포레족의 식인 의식으로 전염되는 쿠루라는 질병을 연구했다.

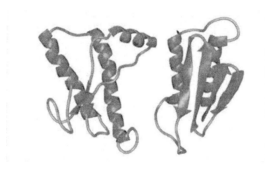

프라이온의 모습

또한 무려 17만 마리의 소가 감염된 영국의 광우병에 많은 관심이 쏠렸다. 이러한 질병들은 감염된 개체들의 뇌를 파괴하는 공통점이 있었다. 수년 동안의 잠복기를 거쳐 영향을 받은 뇌 부분은 스펀지 모양으로 서서히 변해간다. 가이두섹은 쿠루병과 크로이츠펠트-야콥병을 원숭이에게 감염시켜 이들 질병이 전염성이라는 것을 증명했다. 지난 1976년 가이두섹이 노벨상을 받았을 때는 전염성 병원체의 특성을 완전히 알지 못했다. 그 당시에는 이러한 질병들이 미확인 바이러스가 원인일 것으로 추측했다. 1970년대부터 스탠리 프루시너가 이 문제를 해결하기 전까지는 이런 병원체의 특성에 관한 별다른 결과가 없었다.

프루시너는 10년간의 힘겨운 노력 끝에 감염성 병원체를 분리하는 데 성공하였다. 이 병원체는 놀랍게도 단백질만으로 되어 있었다. 따라서 그는 이 물질을 단백질성 감염 입자라는 뜻의 프라이온이라고 명명하였다.

하지만 이상하게도 이 단백질은 병에 걸린 개체와 건강한 개체 모두에서 동일한 양이 발견되었다. 이런 이유로 사람들은 혼란스러워했으며, 모두들 프루시너의 결과가 잘못되었다고 생각했다. 병에 걸린 개체와 건강한 개체에 모두 존재하는 단백질이라면 이것이 어떻게 병의 원인일 수 있을까? 프루시너는 병에 걸릴 개체 내에 존재하는 단백질이 건강한 개체와는 완전히 다른 3차원 구조를 가지고 있다는 것을 밝히면서 이 문제는 완전히 해결되었다. 그는 정상적인 단백질 구조가 변형되어 질병을 일으킬 수 있다는 가설을 세웠다.

그가 제안한 이 작용은 지킬박사가 하이드로 변하는 과정과 비슷하다고 할 수 있다. 같은 존재이지만 두 가지 표현이 가능하다. 즉 하나는 무해하지만 다른 하나는 매우 치명적이다. 그런데 이 단백질은 어떻게 유전자 없이 복제될 수 있을까? 프루시너는 프라이온 단백질이 정상적인 단백질을 위험한 형태로 변하게끔 압박하는 연쇄 반응을 일으키면서 복제하기 때문이라고 주장했다. 즉 위험한 단백질과 정상적인 단백질이 만나면 정상적인 단백질이 위험한 단백질로 변한다는 것이다. 또한 프라이온 질병은 가능한 발병 기전이 세 가지라는 점에서 주목할 만하다. 즉, 자연적으로, 혹은 전염으로 아니면 유전적으로 발병할 수 있다.

프라이온이 유전자 없이 복제하여 병을 일으킬 수 있다는 가설은 1980년대의 전형적인 개념의 영향으로 강한 비판을 받았다. 프루시너는 압도적인 강한 반발에 부딪히면서 10년이 넘게 힘겨운 싸움을 계속하였다. 그러나 다행히도 1990년대에 와서 프라이온 가설에 대한 강한 지지 세력이 생겼다. 그리고 스크래피, 쿠루병, 그리고 광우병에 관한 불가사의는 결국 해명되었다. 게다가 프라이온의 발견은 알츠하이머병과 같은 보다 흔한 치매의 병인을 밝혀낼 수 있는 새로운 발판을 마련하였다.

54

자궁경부암 및 인간면역결핍 바이러스의 발견

(2008년 생리의학)

▌하랄트 추어하우젠(1936~   )

▌프랑수아 바레-시누시(1947~   )

▌뤽 몽타니에(1932~   )

인류의 역사는 흑사병, 콜레라, 결핵, 천연두, 홍역, 독감과 같은 유행성 전염병에 의해 큰 영향을 받았다. 이 전염병들은 인류의 문화를 몰락의 위기에 몰고 갔다. 바이러스의 전염은 국경도 없었으며, 초기에 감염되었던 사람들에게는 치명적인 결과를 가져왔다. 그렇기 때문에 새로운 전염병이 생길 때마다 그 병이 얼마나 퍼져 나갈지 알 수 없었기 때문에 불안과 공포에 떨어야만 했다. 최선의 해결책은 이들 질병을 야기하는 원인 바이러스에 대한 기초 지식의 축적이라고 할 수 있다.

추어하우젠은 자궁경부암을 유발시키는 바이러스에 대한 연구를 하였다. 자궁경부암은 전 세계 여성에게서 두 번째로 흔하게 나타나는 암으로써, 매년 50만 명의 여성들이 이 병에 걸린다. 추어하우젠이 맨 처음 인유두종 바이러스, 즉 사마귀를 일으키는 것으로 알려져 있던 이 바이러스가 자궁경부암을 일으킨다고 했을 때 많은 사람들은 믿지 않았다. 하지만 그는 이 바이러스가 무언가 특별한 형태로 존재하면서 암세포를 유발한다고 추측하였다. 그리고 마침내 바이러스가 아닌 바이러스 유전자가 자궁경부세포의 유전자에 삽입되고 시간이 경과하면서 암을 유발시킨다는 것을 밝혀내게 되었다.

이 바이러스를 배양하는 것은 불가능한 것이었다. 그러나 추어하우젠은 사마귀 바이러스에서 얻은 DNA의 작은 조각을 이용하여 자신의 가설을 증명하였다. 그는 이 작은 DNA 조각들을 바이러스 DNA의 복제를 유도하는 데 이용하였다. 처음에는 사마귀로부터 바이러스 DNA 복제를 유도하였고, 나중에는 자궁경부암세포를 이용하였다. 10년 이상 꾸준히 연구한 결과, 그는 인유두종 바이러스의 다른 형태를 분리하는 데 성공하였으며, 자궁경부암의 70% 정도가 이 바이러스에 의한 것임을 밝혔다. 바이러스 유전자는 모든 암세포의 DNA에 존재하고 있었으며, 이로써 세포가 무제한적으로 증식하도록 세포를 조작하는 것이다.

이와 같은 발견은 다시 백신 개발로 이어졌으며, 바이러스 감염의 위험에 처해 있는 많은 여성들을 보호할 수 있게 되었다.

2008년 노벨 생리의학상을 받게 된 또 다른 분야는 인간면역결핍 바이러스(HIV)에 관한 연구이다. 1981년, 젊고 건강했던 사람들이 폐렴이나 생소한 암에 의해 사망했다는 보고서가 다수 발견되기 시작했다. 이것은 새로운 전염병의 시작이었으며 이전까지의 전염병과는 전혀 다른 불가사의한 것이었다. 이는 인류가 새로운 항생제, 백신, 위생 상태와 생활 환경의 개선 등으로 주요한 전염성 질병들을 어느 정도 극복했다고 생각했던 시기부터 시작되었다. 심지어는 전염성 질병을 통제해 오던 많은 기관들은 이제 문을 닫을 것이라고까지 생각하기도 했다. 그러나 AIDS에 관련하여 이전과는 전혀 다른 새로운 걱정과 근시거리로써 전 세계의 많은 나라로 퍼져 나가게 되었다.

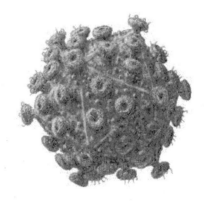

HIV 바이러스의 모습

프랑수아 바레-시누시와 뤽 몽타니에는 AIDS가 잘 알려지지 않은 레트로바이러스의 일종에 의해 유발된다고 생각했다. 이 바이러스는 동물 세계에서 비롯된 종양바이러스의 일종으로 당시에는 인간에게도 발견되기 시작했다. 그러나 어떻게 1만분의 1mm의 크기를 가진 하나의 바이러스가 이 질병의 수많은 증상들을 일으킬 수 있는지는 도무지 알 수 없었다.

바레-시누시와 몽타니에는 환자의 림프절에서 HIV를 발견하였다. 이 바이러스는 백혈구에서 다량 발견되었으며 감염된 세포는 결국 죽게 되는데, 백혈구는 AIDS 환자들에게 결핍되어 있는 세포였다. HIV는 마치 카멜레온 같아서 환자마다 독특한 변형 바이러스를 갖고 있었으며, 숙주세포의 유전자에 끼어 들어가 숨을 수 있었다.

바레-시누시와 몽타니에의 발견은 이 병의 진행 상황과 전염성을 밝혀 주었고, 이로 인해 HIV와 AIDS의 연관성을 확인시켜 주었다. 감염된 사람들과 감염된 혈액제제들을 찾아내는 방법도 개발되었다. AIDS 환자들은 항-레트로바이러스 치료제를 빨리 처방받을 수 있게 되어 이 질병을 어느 정도 통제할 수 있게 되었다.

55

체외수정의 개발

(2010년 생리의학)

▌로버트 에드워즈(1925~2013)

전 세계 인류의 10퍼센트 이상이 불임의 문제를 가지고 있다. 불임은 정자와 난자가 자연스러운 수정에 실패하기 때문에 생긴다. 에드워즈는 생식생물학에 관한 기초적인 연구를 통해 이를 해결하였다. 그는 체외에서 정자와 난자를 수정시킨 후에 여성의 몸에 수정란을 넣는 방법을 생각해 냈다. 이 연구는 생명의 시작과 인간 본성에 대한 논쟁으로 초기에는 많은 저항이 있었다. 에드워즈는 체외수정에 대한 윤리적 토론을 먼저 시작함으로써 이 기술을 점진적으로 받아들일 수 있도록 하였다.

또한 그는 체외수정을 실현시키기 위한 수많은 과학적 문제점을 체계적으로 해결하였다. 1960년대에는 체외에서 인간의 난자를 성숙시키는 과정과 이에 관여하는 호르몬에 대한 연구를 하였다. 그로 인해 에드워즈와 그의 동료들은 1969년에 인간 난자를 체외에서 수정시키는 데 성공하였다.

이후 에드워즈는 산부인과 전문 임상의사와 함께 기초 과학적인 통찰이 임상의학적인 치료로 이어질 수 있도록 노력하였다. 그들은 난자를 체외에서 수정시킨 후, 초기 배아 단계로 만드는 데까지 성공하였다. 하지만 가장 중요한 문제는 체외수정 후에 이를 임신과 출산으로 이끄는 것이었다.

수년의 연구 끝에 그들은 마침내 성공하였다. 그리고 1978년 7월 25일 체외수정을 통해 임신된 첫 아기인 루이스 조이 브라운(Louse Joy Brown)이 태어났다. 이후 체외수정은 불임을 치료하는 가장 보편적인 방법으로 자리 잡게 되었고, 이후 체외수정의 도움으로 태어난 아이는 수백만 명에 이르게 되었다. 이들은 건강하게 자라 성인이 되어 자녀를 출산하기도 했다.

이로 인해 그는 전 세계 수많은 불임부부에게 새로운 희망을 주었고, 많은 윤리적 논쟁을 극복하며 새로운 의학적 치료법을 개척하기까지의 과정의 모범을 보여주었다.

노벨상 나와라 뚝딱

초판 발행 2021년 9월 1일

지은이 정태성
펴낸이 정주택
펴낸곳 도서출판 코스모스
등록번호 414-94-09586
주소 충북 청주시 서원구 신율로 13
전화 043-234-7027
팩스 050-7535-7027

ISBN 979-11-967990-9-0

값 12,000원